"鑫台华·康邦杯" 2015 年华北五省（市、自治区）

及港澳台大学生计算机应用大赛

获奖作品精选

移动互联网应用创新
（2016 版）

牛爱芳　主编

电子工业出版社·
Publishing House of Electronics Industry
北京·BEIJING

内 容 简 介

本书是对 2015 年"移动终端应用创意与程序设计"大赛的总结，内容包括：大赛概况、组委会及专家评委名单、评审指标及获奖名单、优秀作品精选等内容。书中精选了大赛获得一等奖的部分优秀作品，作品结合移动终端的特点，构思新颖，亮点突出，展现出当代大学生的创意思维与创新设计能力，并具有一定的实际应用价值。

本书可作为参赛院校师生的指导用书和参考资料，也可作为移动终端应用设计开发者学习和实践的参考用书。

图书在版编目（CIP）数据

移动互联网应用创新：2016 版 / 牛爱芳主编. —北京：电子工业出版社，2016.11

ISBN 978-7-121-30246-6

Ⅰ. ①移… Ⅱ. ①牛… Ⅲ. ①移动网—研究 Ⅳ. ①TN929.5

中国版本图书馆 CIP 数据核字（2016）第 253141 号

责任编辑：许存权 特约编辑：谢忠玉 等
印　　刷：北京虎彩文化传播有限公司
装　　订：北京虎彩文化传播有限公司
出版发行：电子工业出版社
　　　　　北京市海淀区万寿路 173 信箱　邮编　100036
开　　本：720×1000　1/16　印张：18.75　字数：420 千字
版　　次：2016 年 11 月第 1 版
印　　次：2019 年 1 月第 2 次印刷
定　　价：60.00 元

编委会

前言

　　北京市大学生计算机应用大赛（以下简称"大赛"）是由北京市教育委员会主办、北京联合大学和北京高教学会计算机教育研究会共同承办的面向北京市高校大学生的学科竞赛之一。大赛自 2010 年创办以来，已成功举办 5 届。2012年由北京市教委协同天津市教委 、河北省教育厅、山西省教育厅、内蒙古教育厅,将大赛扩大为含天津、河北、山西、内蒙古及港澳台地区在内的"华北五省（市、自治区）及港澳台大学生计算机应用大赛"，大赛主题为"移动终端应用创意与程序设计"。

　　大赛本着"政府主办，专家主导，学生主体，社会参与"的基本原则，目的是促进学生将理论知识与实践相结合，应用新技术和方法，完成具有实际应用意义的创意设计，并予以实现；提高学生的策划、设计、实现、协调组织和解决问题的能力；培养、锻炼大学生创新意识、创意思维和创业能力，更好地培养和发现符合经济社会发展需求的优秀人才；通过大赛促进京港澳台及华北地区高校的交流与学习，促进相关专业和课程的教育教学改革。

　　本届大赛由北京联合大学、北京高等教育学会计算机教育研究会以及天津理工大学、燕山大学、中北大学、内蒙古工业大学共同承办，北京鑫台华科技有限公司、中国电信北京分公司、华为技术有限公司冠名赞助，悦成移动互联网孵化基地、北京百迅龙科技有限公司、五色云科技开发有限公司、博雅新创科技有限公司协办，北京市教委高教处给予积极指导和经费支持。来自北京、天津、河北、山西、内蒙古及中国台湾等 50 余所高校和行业知名企业的专家设计评审指标，参与评审，使得大赛在公平、公开、公正的原则下顺利进行，并得到了北京市教委、各赛区教委（教育厅）、参赛学校以及赞助和协办单位的高度评价。

本届大赛共有来自北京（含台湾）、天津、河北、山西及内蒙古五个赛区100 所高校的 411 支本科、高职团队报名参赛，有效提交作品 330 个，参赛学生 1500 余人。最终有 53 所高校的 118 支团队入围决赛，近 500 名学生进行公开答辩。经过评审，评出本科组一等奖 28 个，二等奖 57 个，三等奖 87 个，高职组一等奖 5 个，二等奖 9 个，三等奖 15 个，同时评出优秀指导教师 33 名，优秀组织奖 15 个。

大赛作品特色鲜明、亮点突出，竞赛主题和开发平台紧密结合计算机领域的最新技术，反映了相关产业发展的最新需求，对于促进相关专业紧跟行业发展、更新教学内容、深化教学改革发挥了重要作用，为学生的创新思维、创意设计提供了展示的舞台，也为学生创业开辟了新途径。大赛开发了基于云计算的技术支撑平台，竞赛期间所有参赛作品部署在云端，实现了跨区域网络评审，成为云计算技术应用于教育服务领域的成功范例。大赛已成为各地区高校教师、学生交流学习的平台，对于激发大学生兴趣、潜能，培养团队精神和创新精神发挥了重要作用，赛事影响力不断扩大。

为了进一步推动大学生的创新、创意、创业教育，更好地总结大赛经验，编者精选了部分获奖作品编纂成本书，本书对全面展示大赛成果，扩大赛事影响，促进赛事发展，提高参赛作品质量，开拓大学生视野，增强创新意识和创新能力将起到积极作用，对今后师生参加移动终端应用设计的学习和开发实践提供参考。在此，对专家们的辛勤工作和严谨求实的工作态度表示衷心感谢！

相信本书的出版，对进一步扩大赛事的影响力、全面提高大赛的作品质量和水平会起到积极作用，大赛会越办越好。鉴于编者水平有限，对于书中存在的问题，敬请广大师生批评指正。

编委会

第一部分

大赛概况

华北五省（市、自治区）及港澳台
大学生计算机应用大赛章程

第一章　总则

　　第一条　华北五省（市、自治区）及港澳台大学生计算机应用大赛每年举办一次，根据主题每次可由一至多家企业协办。比赛时间、地点和方式由组委会决定。

　　第二条　大赛分为大赛分初赛评审、决赛答辩两个环节,初赛由各省级(市、自治区)赛区组委会组织，决赛由大赛组委会组织。

　　第三条　大赛以"计算机应用"为主题。通过大赛提高大学生应用计算机解决问题的能力，包括设计能力、策划能力、协调组织能力和实际动手能力。培养大学生的合作意识、创新精神，扩大大学生的科学视野，提升学生的就业能力。

　　第四条　参赛高校在自行选拔的基础上向大赛组委会报名参赛。

　　第五条　大赛组委会组织相关专家按照公平、公正、公开的原则对参赛作品进行评审。获奖作品的作者将予以表彰。

第二章　组织机构及其职责

第六条　大赛成立组委会。成员由华北五省（市、自治区）教育主管部门、承办单位和协办单位的有关人员组成，大赛组委会设名誉主任、主任、副主任、总顾问、委员等。组委会下设专家工作组、秘书处等机构。

第七条　大赛组委会的职责。

1．审议、修改大赛方案和各项实施计划。

2．协商议决组织工作中的重大问题。

3．在大赛的组织、评审、奖励过程中，如果经费不足，负责筹集所需经费。

4．审议通过最终获奖名单。

5．议决其他未尽事宜。

第八条　大赛组委会下设专家工作组，主要工作是组织专家进行工作。

1．聘请高校、行业与企业专家共同组成专家组。

2．在大赛准备阶段，以本章程和竞赛方案为基础，起草与大赛相关的各项技术性文件，提交大赛组委会审议。

3．大赛进行中，负责对竞赛作品进行初评，提交参加决赛的作品名单，向组委会提交获奖作品名单。

第九条　大赛组委会下设秘书处，负责大赛的各项运行工作，保障竞赛过程的顺利进行。

1．根据大赛章程与大赛方案，整体实施大赛的各项工作，协调、组织各个相关机构，保障大赛顺利进行。

2．接收、管理各高校参赛队的报名。

3．组织竞赛。

4．联系相关企业、院校，安排相关活动。

5．管理大赛的各项费用支出。

第十条　为确保大赛的公平、公正和平稳运行，大赛专家工作组设立仲裁组，在评审阶段，负责对大赛期间发生的针对大赛和评审过程中提出的申诉进行仲裁。

第三章　参赛资格和作品申报

第十一条　具有全日制普通高等教育学校具有正式学籍的在校本、专科生均可报名参赛。

第十二条　参赛学生和指导教师必须承诺提交的参赛作品是由参赛学生独

立完成的。

第十三条　学校负责审核各校参赛作者的参赛资格，并统一填写和提交参赛报名表。

第十四条　作者需按照竞赛方案的规范和提交方法提交作品。

第四章　作品评审

第十五条　参赛作品评审分阶段进行。评审专家根据评审规则对作品进行评审，评审出获奖名单和等级。评审结果由主办单位进行公示。历年的参赛作品不可重复参赛。参与其他竞赛的作品不可重复参加本项竞赛。

第十六条　参赛作品知识产权归参赛作者本人所有。参赛作品在评审阶段能够被评审专家免费使用；如果参赛作者希望提交的作品在大赛过程中免费使用而在大赛结束后付费使用，则应该提交可免费试用的参赛作品。

第五章　经费管理和使用

第十七条　初赛经费各赛区教育主管部门拨付、承办学校资助组成。

第十八条　在征得领导小组同意的前提下，本着平等互利、充分保护参赛学生相关权益的基础上，可争取社会赞助。对于赞助单位可视情况给予竞赛冠名权。赞助经费纳入竞赛经费统一管理，不可挪作他用。

第六章　奖励

第十九条　大赛评选出特等奖、一等奖、二等奖、三等奖。

专家工作组可以根据竞赛的特点提出增设其他奖项，并报大赛组委会批准、备案。

第七章　展览、交流

第二十条　大赛期间组织学术交流活动。采取巡讲、论坛、讲座等各种形式，介绍参赛规则、作品设计开发规范和开发平台等。

第八章　附则

第二十一条　本章程由大赛组委会负责解释。

2015年华北五省（市、自治区）及港澳台大学生计算机应用大赛方案

一、竞赛目的

促进学生将理论知识与实践相结合，应用新技术和方法，完成具有实际应用意义的创意设计，并予以实现；提高学生的策划、设计、实现、协调组织和解决问题的能力；培养、锻炼大学生创新意识、创意思维与设计和创业能力，更好地培养和发现符合经济社会发展需求的优秀人才；促进相关专业和课程的教育教学改革。

二、竞赛主题与内容

（一）主题

2015 年计算机应用大赛的主题是"移动终端应用创意与程序设计"。移动终端指智能手机、平板电脑等移动设备。参赛者根据大赛组委会提供的规范，确定创意设计的主题，针对移动设备的技术特点，围绕移动应用的开发，展开研究和设计，编制创意设计方案，完成设计与开发。

具体要求：

1. 参赛作品的选题应具有实际意义和应用背景，满足社会对软件作品的需求。对参赛作品的评审着重考核参赛学生综合运用所学的知识进行创意设计、软件产品设计、实践创新和团队合作的基本能力。

2. 如果参赛作品涉及联网功能，应具备公网内的联通性且能流畅运行，对于仅限在某个专网或校园网上访问而无法通过公网访问的作品，由于无法评审，将被视为无效参赛作品。

3. 参赛作品要求为原创作品，抄袭作品一经发现即刻作废。历年的参赛作品不可重复参赛，否则视为无效参赛作品；参与过其他竞赛的作品不可重复参加本项竞赛。

4. 对于提交的内容不完整，或提供任何虚假信息；违背相关法律、法规；

涉嫌作弊行为，侵犯他人知识产权等作品视为无效参赛作品。

（二）开发平台

本次大赛要求作品的运行平台为指定移动终端操作系统平台，即作品软件应该能够在如下 3 种平台的模拟器或移动终端上运行。

开发平台及版本要求：

1．Android 2.1 及以上版本。

2．苹果 iOS 5.0 及以上版本。

3．Windows Phone 7 版本。

（三）作品内容

参赛作品的内容包含作品简介、软件创意设计文档、云端作品部署、软件安装包、视频短片。

1．作品简介

包含 1 幅作品的标识图（软件欢迎界面或 LOGO、像素 240*320，jpg 格式）、2 幅展示软件核心功能的截图（像素 240*320，jpg 格式）、不超过 800 字的作品文字简介（文本格式的文件）。

2．软件创意设计文档

参赛团队必须按照大赛官方网站上提供的模板规范编写设计文档，以 Word 文档格式提交。提交的文档需要描述软件操作步骤及说明，若软件设置了用户名和密码必须告知测试用户名和密码。

3．云端作品部署

大赛初评和决赛的平台采用云计算虚拟化技术。每个参赛团队可申请获得一个云端的虚拟机，每个虚拟机中可安装相应的开发平台。参赛团队必须将参赛作品的完整版本上传到虚拟机开发环境中并进行调试，并确保在模拟器中流畅运行，在云端部署的作品不能正常运行视为无效作品（iOS 平台的作品只需提交完整源代码）。

4．软件安装包

对于 Android 和 Windows Phone 开发平台的作品，软件安装包是指可以在移动终端上运行的可安装文件包，如果参赛作者希望提交的作品在大赛结束后非免费使用，则可以提交可免费试用的参赛作品软件安装包。

对于 iOS 开发平台的作品，软件安装包是指能够在 Xcode4.6 及以上版本的模拟器上能够正确运行的完整的源代码（工程文件）。

5．视频短片

对参赛作品创意设计与程序演示，时间不得超过 1 分钟，文件格式可为 MP4 或 MOV。

三、参赛条件

（一）大赛面向华北五省（市、自治区）、港澳台普通高等学校的本科及高职高专学生，由学生所在学校审核其参赛资格。

（二）竞赛设立本科组和高职高专组。

（三）竞赛采取团队比赛方式，每队由 2-5 名学生组成，每校本科、高职报名队数各不超过 10 队。每队限报 1 个作品，每人限参加 1 个团队。每个参赛团队的指导教师不得超过 2 人。

（四）参赛学生自由组队，鼓励学生跨专业组队，但不可跨学校组队。

四、组织方式

（一）本次竞赛由领导小组委托北京联合大学承办，组委会秘书处设在北京联合大学。各省、市、自治区分别确定协办单位协助组织竞赛。

（二）大赛分初赛评审、决赛答辩两个环节。初赛评审由各分赛区组织进行。各赛区按照其有效参赛队的 30%选取参赛队入围决赛。港澳台地区以及分赛区参赛队不足 20 队的，可并入北京赛区参加初赛。决赛经领导小组委托由北京承办。

所有参赛队通过大赛网站报名及提交作品，经各赛区专家初评通过后将参加决赛环节。决赛采取现场答辩的形式，决赛在北京联合大学统一进行，决赛地点为北京联合大学小营校区。

五、奖项设置

大赛按照公平、公正、公开的原则，按本科和高职高专组分别评选特等奖（可空缺）、一等奖、二等奖、三等奖（按照有效参赛队数的 10%、20%、30%设置），优秀组织奖、优秀指导教师奖等奖项。

六、时间安排

	时间	内容
大赛启动	6 月 15 日	发布比赛方案
高校报名	6 月 20 日-7 月 10 日	各高校负责人在大赛网站上填报本校参赛信息
作品创作	6 月 20 日-9 月 20 日	1、参赛者根据要求，完成作品创作。 2、组织宣讲活动
参赛队报名	9 月 20 日前	各高校负责人组织本校学生在网上报名，并导出报名表，经教务处签章后，通过传真、邮寄或发送扫描件之一的方式，发送到分赛区联系人处。提交后若要修改参赛队员信息，需要重新提交报名表
作品提交	10 月 8 日-10 月 15 日	各参赛队须在大赛网站上完成作品的调试、运行和最终的作品提交
初赛评审	10 月 30 日前	各赛区组织专家评审本赛区的作品，确定入围决赛的作品名单。分赛区获得一、二等奖的参赛团队入围决赛
决赛答辩	11 月上旬	决赛答辩。 公布决赛获奖名单，同时举办颁奖典礼

七、作品提交

（一）各参赛团队在大赛规定的日期之前，完成参赛作品所有内容的提交。逾期没有提交作品，视为自动放弃比赛资格。

在大赛官方网站提交作品简介、软件创意设计文档和软件安装包和视频短片。在云端部署作品（iOS 作品不需在云端部署），并确保作品能正确运行；若网络传输缓慢，无法上传视频时，也可利用公网（如优酷等）的资源，并将视频链接填写在作品简介中（视频可以设置访问密码，请将密码一并告知）。

iOS 作品的部署由各赛区的技术人员在真机上部署，作品为参赛团队网上提交的软件安装包。要求提交的 iOS 软件安装包为完整的源代码（工程文件），能够在 iOS 5.0 及以上版本、Xcode 4.6 及以上版本的模拟器中正确运行。

评审专家将根据参赛团队网络提交的所有内容进行评判。因此，对于使用 Android 和 Windows Phone 开发平台的参赛团队务必要检查部署在云端的参赛作品是否可以在虚拟机上正常运行，且在规定时间内完成作品内容的提交，否则将影响参赛成绩或被视为无效作品。

（二）已经提交成功的参赛作品不能再修改。

（三）作品界面元素可以从网络上采集素材或自行设计，如发现抄袭市面产品界面即刻作废。

（四）参赛作品初评阶段，各参赛团队有义务接受专家工作组通过邮件或电话提出的关于参赛作品的创意设计文档及软件的质询。

八、作品版权

（一）学校和学生所作的参赛方案或者作品，所有权归参赛者个人或所在学校所有，应允许主办方进行非商业性质的各种宣传。

（二）参赛作品在大赛评审阶段应能够被评审专家免费使用，参赛作者必须在云端开发平台上部署参赛作品的完整版本。

（三）对于参赛作品的软件安装包，如果参赛作者希望提交的作品在大赛结束后非免费使用，则可以提交免费试用的参赛作品软件安装包。

九、组织经费

各赛区初赛的组织经费由各省（市、自治区）承担；决赛期间，参赛学生和相关教师的交通和食宿费由各参赛校承担，其他经费由北京承担。

十、联系方式

网站：http://bjcac.buu.edu.cn
邮箱：bjcacbuu@163.com
大赛秘书处设在北京联合大学教务处
地点：北京市朝阳区北四环东路 97 号 3A 楼 A106 室
邮编：100101
联系人：张建国 钟丽
联系电话及传真：010-64900095

大赛花絮

▲北京市教委领导发言

▲主办校领导发言

移动互联网应用创新（2016版）

▲颁奖现场

▲颁奖会代表发言

▲一等奖获奖作品展示

▲答辩现场

移动互联网应用创新（2016 版）

▲ 答辩现场组图

▲ 协办企业与参赛选手交流会现场

第二部分

组委会、专家评委名单及获奖情况

大赛组委会名单

名誉主任：	叶茂林	市教委
主　任：	黄先开	北京联合大学
副主任：	鲍　泓	北京联合大学
	高　林	北京市高等教育学会
	金红莲	市教委高教处
总顾问：	李德毅	中国工程院院士
委　员：	谢柏青	北京市高等教育学会
	杨　鹏	北京联合大学
	黄心渊	北京林业大学
	吴文虎	清华大学
	陈　明	中国石油大学（北京）
	陈朔鹰	北京理工大学
	马　严	北京邮电大学
	蒋宗礼	北京工业大学
	武马群	北京信息职业技术学院
	于　京	北京电子科技学院
	贾卓生	北京交通大学
	肖方晨	神州数码(中国)有限公司
	耿赛猛	悦成3G创意产业研发基地

秘 书 处:

秘 书 长：牛爱芳
副秘书长：张　姝　和青芳　宋旭明
成　　员：张建国　钟　丽　马　楠　魏志光　王安琪

决赛答辩评审专家名单及评审指标

一、答辩专家组成及选派原则

（一）答辩评审专家组成

答辩评审专家由来自华北五省高校的专家以及赞助企业、协办企业的技术专家组成，每组选取有经验的专家担任专家组长。为保证竞赛的顺利进行和竞赛结果公平、公正，大赛设立仲裁组，负责受理大赛中出现的申诉并进行仲裁。

（二）专家选派原则

1. 按照各省答辩队数的比例确定各省高校专家的比例。
2. 指导教师不得担任评审专家。
3. 通宵回避原则—专家不能评审本校的作品。

二、决赛答辩专家组、仲裁组名单

专家组组长
　　鲍　泓　北京联合大学（组长）　　　　黄心渊　中国传媒大学（副组长）
专家组顾问
　　高　林　北京高教学会计算机研究会
仲裁组
　　谢柏青　北京大学（组长）　　　　　　毛汉书　北京林业大学（副组长）
　　耿赛猛　悦城移动互联网孵化基地
专家组成员
第一组
　　秦品乐　中北大学（组长）　　　　　　赵冬梅　河北师范大学
　　吴　炜　北京交通大学　　　　　　　　胡晓光　微软中国

第二组
 陈朔鹰 北京理工大学（组长） 华 斌 天津财经大学
 林建祁 台湾建国科技大学 马志强 包头市奥邦软件服务有限责任公司

第三组
 申利民 燕山大学（组长） 张 莉 中国农业大学
 张志刚 天津城建大学 曹文斌 百度

第四组
 樊 伟 天津民航大学（组长） 赵 鹏 山西思软科技有限公司
 邓习峰 北京大学 姜天鹏 闪传

第五组
 王亚平 内蒙古科技大学（组长） 王 昌 山西财经大学
 齐 越 北京航空航天大学 姚 俊 百迅龙科技

第六组
 杜 煜 北京联合大学（组长） 徐国伟 天津工业大学
 马 礼 北方工业大学 靳 岩 优亿（eoe）

第七组
 郑 莉 清华大学（组长） 董永峰 河北工业大学
 戴 敏 天津理工大学 孙 昊 金山网络

第八组
 陈志泊 北京林业大学（组长） 杨 林 中国矿业大学
 马占飞 内蒙古科技大学包头师范学院 闫 均 融腾宜天

第九组
 牛少彰 北京邮电大学（组长） 骆力明 首都师范大学
 杨 剑 中北大学 侯茂清 秦皇岛移软信息公司

第十组
 张玉清 北京地质大学（组长） 熊聪聪 天津科技大学
 王世腾 安宁公司 刘正东 北京服装学院

第十一组
 陈 明 中国石油大学（组长） 王国栋 方正国际软件（北京）有限公司
 齐 京 北京信息职业技术学院 武羡峰 包头市江月信息科技有限公司

第十二组
 高 嵩 北京青年政治学院（组长） 侯云龙 北京九合尚品科技有限公司
 马海涛 东北大学秦皇岛分校 郑 赟 悦成移动互联网孵化基地

三、评审指标

1. 竞赛评价指标体系

（1）初评评价指标体系
初评评价指标体系见表1。

表1　初评评价指标体系

编号	评分项	说明	分值
1	作品创意	创意点能与手机功能、互联网结合，创意点直观、便捷、易于操作（15~20） 创意点与手机功能结合不明显或缺少网络功能（7~14） 作品创意不突出或明显模仿现有产品：（0~6）	20
2	市场与技术可行性	市场前景分析清晰、明确，有完善的市场规划，创意点在现有技术条件下能够实现：（8~10） 市场前景分析比较清晰，有一定的市场规划，创意点60%~80%具备技术实现可能：（5~7） 市场前景分析模糊不清，没有完善的市场规划，创意点0~60%具备技术实现可能：（0~4）	10
3	作品功能与UI设计描述	作品功能描述完整、合理；UI设计突出，功能跳转自然、风格统一：（11~15） UI设计较好，有风格不协调之处；作品功能描述不完整、缺乏合理性：（6~10） 作品功能描述不清楚、前后矛盾，UI设计一般：（0~5）	15
4	功能实现	软件能够流畅运行，界面功能设置合理，易于上手使用，对于目标客户群体具备很好的吸引力：（25~35） 软件运行无误，能基本演示作品功能，但存在功能不完善之处：（13~24） 软件无法运行或运行中多出报错，无法通过软件展现其文档中设计的功能：（0~12）	35
5	团队合作	团队分工合理，职责明确，文档内容与软件一致（8~10） 团队分工欠合理，职责明确，文档内容与软件存在差异：（5~7） 团队分工不合理，职责不明确，文档内容与软件存在很大差异：（0~4）	10
6	文档设计	作品描述清楚，有完整图文表述，文档规范：（8~10） 作品描述清楚，有图文表述，文档有拼凑痕迹：（5~7） 作品描述不清楚，无完整图文表述：（0~4）	10
得分合计			100

（2）决赛答辩评价指标体系

决赛答辩阶段评价指标体系见表2。

表2　决赛答辩评价指标体系

编号	评分项	说　明	分值
1	作品创意	a）创意点能与手机功能、互联网结合，创意点直观、便捷、易于操作：（15-20） b）创意点与手机功能结合不明显或缺少网络功能：（9-14） c）作品创意不突出或明显模仿现有产品：（0-8）	20
2	团队合作表现	a）团队分工合理，职责明确，协作能力强：（8-10） b）团队分工欠合理，职责明确，配合不流畅：（5-7） c）团队分工不合理，职责不明确，未能体现团队协作：（0-4）	10
3	现场陈述	a）论述条理清楚，逻辑性强，表达清晰：（15-20） b）表达较清楚，具有一定的逻辑性：（9-14） c）陈述表达一般，思路不太清楚：（0-8）	20
4	作品演示	a）原型功能完全实现其创意，特色明显：（19-25） b）原型功能基本表现创意：（11-18） c）无法运行或无法表示作品创意与功能：（0-10）	25
5	回答问题	a）具有综合应用所学知识的能力，回答准确完整：（19-25） b）基本能回答提出的问题，准确性、完整性不足：（11-18） c）不能准确回答提出的问题：（0-10）	25
		得分总计	100

获奖名单

一、"鑫台华·康邦杯" 2015 年华北五省（市、自治区）及港澳台大学生计算机应用大赛团队获奖名单

本科组

序号	获奖等级	作品名称	所属学校	队长姓名	其他成员姓名				指导教师	
1	一等奖	MyFace 表情管理工具	北京交通大学	李振东	兰宦君				安高云	
2	一等奖	天兵天降 iOS 版	北京科技大学	谌业鹏	宋化雯	王明刚	陈鹏	程岩	于泓	洪源
3	一等奖	微地	北京联合大学	贾继征	刘诚诚	石嘉铭	柴梦娜	龚红宇	刘振恒	娄海涛
4	一等奖	寻回	北京联合大学	骆胤均	李志成	冯智	黄田刚	杨杏	黄静华	
5	一等奖	找工作助手	北京联合大学	岑瑞燕	裴盛琰				刘畅	
6	一等奖	舞动的算法	北京林业大学	王仁生	闫艺鑫	陈忠富	易中	冯宁	李冬梅	
7	一等奖	墨痕	北京信息科技大学	张叶朋	袁博	康文文	林盛威	夏晓蕾	王亚飞	
8	一等奖	万卷	北京印刷学院	季猛	王金鑫	李美林	袁梦	王泽中	杨树林	罗慧
9	一等奖	学科竞赛联盟	中国矿业大学（北京）	刘凯欣	刘乐	刘明磊	冯宋玮	李欢	徐慧	
10	一等奖	NEUQer	东北大学秦皇岛分校	陈庆	张思浩	奚萌	宋小雪	李婧	王和兴	张顺宇
11	一等奖	有伴	河北工业大学	安骄阳	陈秀林	陈万全	马光明	张文娇	刘靖宇	
12	一等奖	高校通综合服务平台	华北电力大学	马德志	吕彦伯	陆明璇			王晓辉	庞春江
13	一等奖	空气保卫战	华北理工大学	罗星晨	王淳鹤				吴亚峰	刘亚志
14	一等奖	雷鸣战机	华北理工大学	甘锦	高鹏				吴亚峰	侯锁霞
15	一等奖	U-safe	山西大学	王鑫鑫	张玉君	刘鹏睿	茹孟凯	路雨澄	高嘉伟	
16	一等奖	懂你	山西大学	周宇	张中俊	任鹏			吕国英	
17	一等奖	基于人脸识别的手机签到系统	山西大学	梁凤娇	王琰	魏志宇	李一鸣		孙敏	
18	一等奖	老年人服务助手	山西大学	魏博	孙三奇				杨红菊	
19	一等奖	贴心助手	太原工业学院	刘正海	任雄伟	杨松宁			刘杰	邢珍珍
20	一等奖	HandYCU	运城学院	沈彬峰	淡强强	段玉珍	王英豪	金智展	卢照	
21	一等奖	SeeWorld	中北大学	魏福成	贾晓宇	黄颖	李星	张红新	王东	秦品乐

续表

序号	获奖等级	作品名称	所属学校	队长姓名	其他成员姓名				指导教师	
22	一等奖	驻足	中北大学	祁建斌	董睿	郑晓庆	狄林丽	贾晨涛	秦品乐	王东
23	一等奖	图忆	中北大学	梁桂栋	温杰	陈肖	李鑫	袁相明	秦品乐	王丽芳
24	一等奖	抗日英雄	龍華科技大學	葉家成	楊雅涵	繆君悦	簡紹懷	謝宗翰	梁志雄	
25	一等奖	《天财社区》	天津财经大学	贾庆瑞	刘海涛	刘璐璐	赵宁		金钟	宋丽红
26	一等奖	人·仁爱	天津大学仁爱学院	张立飞	张智帆	刘攀瑞	殷铭	杜雨轩	李敬辉	
27	一等奖	伴侣	天津工业大学	刘错翔	王旭东	曹志远	温猛猛	刘琛峰	任淑霞	邓月
28	一等奖	监控者Supervisor	天津理工大学	魏显铸	赵少轩	刘佩云	欧瀚阳	魏泽	王春东	
29	二等奖	swappy	北方工业大学	张静	罗攀	孙梦			席军林	何丽
30	二等奖	BUCEA停易	北京建筑大学	隗公博	方妍	赵靖琮	刘欣悦		马晓轩	
31	二等奖	Android智能小车遥控器	北京科技大学	涂锐	樊芳	周越			于泓	洪源
32	二等奖	no拖noDie备忘录	北京联合大学	冯楚昀	刘家华	赵颜	杨爱清		王郁昕	
33	二等奖	知书	北京信息科技大学	马志成	韩淼	白徐阳	谢成淋	章曦	李涵	
34	二等奖	成长梯	北京印刷学院	王少鹏	张辰翰	姜文生	丁跃武	任露阳	杨树林	罗慧
35	二等奖	智能停车位	保定学院	孙明杰	李银凤	王韦莹	张存波	贺伟峰	马颖丽	汪涛
36	二等奖	e学童	东北大学秦皇岛分校	迟庆祯	朱明曦	梁雪威	叶伟	韩雪	王和兴	
37	二等奖	加气助理	东北大学秦皇岛分校	陈治炜	刘嘉伟	许维龙	陈婉莹	李旭	王和兴	
38	二等奖	Struggle of the youth（奋斗的青春）	河北北方学院	翟聪聪	冯振宇	高雅	王旭	燕琦琦	杨晶晶	郝尚富
39	二等奖	WIFI RC	河北北方学院	赵青	杨帆	燕灿	那芳芳	张琪	马素静	
40	二等奖	遇见陌生人	河北北方学院	孙英龙	王旋	赵华龙	齐贺松	李倩倩	杨晶晶	王志辉
41	二等奖	行李看护宝	河北工程大学	于汝漩	张朝桢	郭艳春			崔冬	
42	二等奖	小蜗	河北工业大学	康宁	冯肖肖	杜伟静	朱俊明	高娜	张军	富坤
43	二等奖	阳光出租	华北电力大学	罗成于	周孟佳	杨艳	陈威	梁玮轩	庞春江	王新颖
44	二等奖	YouTry	华北电力大学科技学院	李正文	庞洋洋				郭丰娟	戴寒松
45	二等奖	小鳄鱼吃饼干	华北理工大学	郜旭	李泽宇				吴亚峰	索依娜

序号	获奖等级	作品名称	所属学校	队长姓名	其他成员姓名				指导教师	
46	二等奖	指尖滑雪	华北理工大学	王旭	刘建雄				刘亚志	吴亚峰
47	二等奖	e 起来-燕大体测客户端	燕山大学	郑晓康	刘乾宇	芪志高	刘仁鹏	杨荞晖	李贤善	
48	二等奖	基于 ios 平台的旅游景点解说器	燕山大学	惠晨	王旭	江泽斌	刘梦园	陈铮	程银波	
49	二等奖	Moodle—基于 iOS 的移动教学 APP	燕山大学	周博	王晓春	何建伟	赵辉强	郝爱斌	赵逢达	
50	二等奖	玩儿哈	燕山大学	陈飞宇	贾洪	薛占领	梁志宙	高韶东	李季辉	
51	二等奖	成语达人	燕山大学	初铭	田野	李浩	杨冬	白超	穆运峰	
52	二等奖	燕门求知	燕山大学	李星	杨明月	何文凯	张弛	崔石垒	李季辉	
53	二等奖	永恒法师	内蒙古财经大学	赵涵					张丽君	
54	二等奖	轻相伴	内蒙古财经大学	侯敏	王佳兴	张林			张丽君	
55	二等奖	易动（iexgoods）	内蒙古财经大学	潘慧文	王文超	郝宇泽	班启	张博杰	张丽君	
56	二等奖	YardSale	内蒙古大学	胡鹏	古雨				张学良	
57	二等奖	彩虹雨	内蒙古工业大学	杜通	张琪	刘思园	赵国庆	张野	庄旭菲	万剑雄
58	二等奖	wisesashay	内蒙古科技大学	张玄昱	黄显东	李栋焱	张培生	沙宗勉	余金玲	
59	二等奖	微小助微信公众号管理工具	内蒙古农业大学	李炜鹏	陆佑澜	乔宇宁	李仁军	李海霞	刘江平	马莉莉
60	二等奖	课堂助手	太原工业学院	王儒	高伟	黄建琪	郭玥	卫聪宇	陈阳	尚晓薇
61	二等奖	梦幻校园	太原工业学院	张政	杭鹏伟	郭蕾	温凤飞	席婷婷	陈阳	傅宏智
62	二等奖	小手牵大家	太原工业学院	何昌辉	胡伟圳	荆慧龙	张策策	王伟桂	杨慧炯	邢珍珍
63	二等奖	手机控制宝	运城学院	郭朝	药耀源	王平平	赵奇		卢照	
64	二等奖	校风达人	长治医学院	潘峰	王佳敏	陈文效	杨逸凡		魏晋	降惠
65	二等奖	TAG	中北大学	原豪	武威	姚程程	李佳铭	刘琰	潘广贞	
66	二等奖	Track	中北大学	陈本刚	赵楠	姜帅杰	张子扬		秦品乐	

续表

序号	获奖等级	作品名称	所属学校	队长姓名	其他成员姓名				指导教师	
67	二等奖	灵境世界	中北大学	陶程	郑海鹏	苏田馨	王瑶	赵雅丽	秦品乐	王东
68	二等奖	小黑的奇幻旅途	中北大学	乔云瑞	庞婷尹	赵丽霞	王毅		秦品乐	乔道迹
69	二等奖	该吃药啦	中北大学	马小云	史宇芳	柴永强	常耀华	郭海芳	余本国	秦品乐
70	二等奖	贴心花园	中北大学	马哲	景贝贝	杨冠仪	李状	陈帅宇	王东	李波
71	二等奖	易物	中北大学信息商务学院	李阳阳	韩雨洪	牛彩虹	武春荣	高菡	王月花	梁钰
72	二等奖	辅具便利通	台灣建國科技大學	林銘祥	林辰恩	赖韋豪	刘德威		林建祁	
73	二等奖	e路顺	天津城建大学	申娇龙	杨柳	卓志劲			高天迎	
74	二等奖	懒人四六级	天津工业大学	徐进茂	杜海锁	殷炽璟	肖宇钊	杜冬雨	任淑霞	邓月
75	二等奖	老吾老	天津理工大学	单广获	徐媛一	袁弋博	李添潇	王凯	王春东	
76	二等奖	创意课程表	天津理工大学	纪一帆	孙子尧	菅晓欢	马思珂	赵枭翀	汪日伟	
77	二等奖	Get~江湖情	天津理工大学	吴承佳	胡明科	曹林	田鲜梨	吴婷婷	孟繁静	宫书宏
78	二等奖	NetWatcher网络异常检测系统	天津理工大学	房泓儒	薛召甫	郭达	杨正午	荣飞	黄玮	
79	二等奖	微办公	天津理工大学中环信息学院	帅倩	马龙				刘朋	
80	二等奖	课程考勤APP——2	天津商业大学	丛雨楠	石晨玉	王宁	张楠	朱晨晨	尉斌	
81	二等奖	缘动力	天津商业大学	李冰丹	赵博宇	王靖伟			杨亮	
82	二等奖	fulltime	天津商业大学	苗雅淇	程子豪	白诗琦	孟泓宏		杨亮	
83	二等奖	书刊余录	天津师范大学	焦文奎	黄亚培	樊皓洁	韦世蓬		张海涛	
84	二等奖	智能管家系统	天津师范大学	郝林炜	王英姿	贺泊心	唐慧	陈慧婷	梁颖	
85	二等奖	擦肩而战	天津职业技术师范大学	马乾	陈峻华	罗诗仪	张子元	唐志阳	王潇	刘光然
86	三等奖	钱包管家	北方工业大学	曾德攀	任杰	曾海天			李伟	
87	三等奖	我要吃早餐	北方工业大学	王少璞	王黄博昂	刘艳芳			李伟	

序号	获奖等级	作品名称	所属学校	队长姓名	其他成员姓名				指导教师	
88	三等奖	信蜂-快递代领取系统	北方工业大学	郭璇	刘夺	张辰	苏慧姗		李伟	
89	三等奖	智能心电管理客户端	北方工业大学	王泽豪	谢沐霖				杨建	高晶
90	三等奖	饕餮宝典	北京建筑大学	刘宏远	崔跃	唐辰			马晓轩	
91	三等奖	课堂动力	北京科技大学	陈文聪	柴铎	郑智予			王洪泊	
92	三等奖	智腕	北京联合大学	郝飞	旋逸飞	刘逸飞	韩潇逸	白维	娄海涛	
93	三等奖	Cubump	北京联合大学	房博学	吴胜洋	刘金松	郭祉薇		商新娜	
94	三等奖	Living	北京联合大学	喻子恒	何志涛	王晓果	王瀚晨	程雪慧	商新娜	
95	三等奖	群组定位地图	北京联合大学	黄松	刘文馨	李佩荣			聂清林	
96	三等奖	名片识别	北京林业大学	唐潇潇	邹明哲	王帅	孙凡青	孟庆玲	孟伟	
97	三等奖	简赛	北京信息科技大学	谢泽源	刘杨钺	刘迪行	余越	陈周静	王亚飞	曾铮
98	三等奖	FWLANChat	北京邮电大学世纪学院	李子杰	管钰深	赵煜熙	陈昱灯	杜炳君	陈沛强	
99	三等奖	野外行	中国地质大学（北京）	王园	周文沛	王忠海			王振华	
100	三等奖	基于人脸识别的多功能科普软件——砖家	中国青年政治学院	赵蓁	蒋智	金广绪	吴嘉琪	康卓然	朱俭	盖贤
101	三等奖	视觉、语音、数据——全媒体科普教育	中国青年政治学院	王成	邓晶晶	李辰宇	张薇	黄钦印	朱俭	宿培成
102	三等奖	NEUQrebuy	东北大学秦皇岛分校	姜域	李斯瑜	屈露	方娇	邵宇超	王和兴	
103	三等奖	CCPC 竞赛小助手	东北大学秦皇岛分校	袁增	刘骁	高军超	孙越	李承晔	王和兴	
104	三等奖	语音笔记	河北北方学院	郭猛	刘颖超	王晓宇	李鹏	孙克静	叶永飞	孙兴华
105	三等奖	学生工作预警系统	河北北方学院	孙进喜	王倩	刘雅静	赵闪	李凯科	孙兴华	

续表

序号	获奖等级	作品名称	所属学校	队长姓名	其他成员姓名				指导教师	
106	三等奖	村医工作站	河北北方学院	窦清华	张红飞				杨晶晶	
107	三等奖	易识别	河北北方学院	苗喜艳	于良	峇晓莹	张晨娇	张建华	曹宁	刘乃迪
108	三等奖	关爱留守儿童APP	河北北方学院	熊建文	杨铭	李赛鹏	杨晓倩		杨晶晶	刘钰
109	三等奖	基于智能移动终端的随身学习伴侣	河北工程大学	聂亦鹤	张耀中	曹建成			崔冬	
110	三等奖	博易考	河北工业大学	刘迪一	陈磊	张弛	王文集	张泽涛	刘靖宇	
111	三等奖	时间捕手	河北工业大学	常洪波	李珊如	翟燕升	李妍	齐震	闫文杰	
112	三等奖	同城教育	河北工业大学	张红	付云雷	张庆轩	王学萍	吴志昊	于洋	
113	三等奖	实验室管理助手	河北工业大学	康伟	高晓倩	吴捷	左志伟	曹皓	石陆魁	张亚娟
114	三等奖	微信平台开发--古韵学堂	河北建筑工程学院	章新嘉	高艳春	李倩然			孙皓月	吕国
115	三等奖	换乐购	河北科技大学	李志豪	马赫迪	李汉卿			丁任霜	张光华
116	三等奖	跳跃西游	河北师范大学	齐月震	李文慧	李冬雪	刘朋	张瑜	祁乐	
117	三等奖	商霸	华北电力大学	冯心政	胡智瑄	赵文轩	谢逸锟		熊海军	王艳
118	三等奖	EQT快乐出行	华北电力大学	蔡雨萌	赵萌	戴海青	蔡小雯	马齐齐	庞春江	王新颖
119	三等奖	Locker 智能办公系统	华北电力大学科技学院	张兴起	黄奕敏				戴寒松	王晓辉
120	三等奖	校园二手	华北电力大学科技学院	程于津	秦政	裴顺武			戴寒松	单树情
121	三等奖	助校帮 入学辅助工具	华北电力大学科技学院	刘强	王鑫	王永正			戴寒松	乔玲玲
122	三等奖	星空探索	华北电力大学科技学院	李阿楠	田甜	董旭皎			戴寒松	乔玲玲
123	三等奖	掌上杭州	华北理工大学	李程光	褚博文				吴亚峰	苏亚光
124	三等奖	指尖网球	华北理工大学	郭建南	梁笑	张腾飞			刘亚志	朱洪瑞
125	三等奖	重逢	燕山大学	仇强	李雪娟	丁晨	刘可心	侯长兴	李季辉	

序号	获奖等级	作品名称	所属学校	队长姓名	其他成员姓名				指导教师	
126	三等奖	"独家记忆"多功能日记本	燕山大学里仁学院	冯艮霞	冯卫	周之宇			赵庆水	司亚利
127	三等奖	放开那怪兽	中国地质大学长城学院	黄志强	李子硕	崔煜枫			刘永立	冀松
128	三等奖	账目掌中宝	内蒙古财经大学	孟宇鹏	赵帅	贾鹏	段凯	聂岩	张丽君	
129	三等奖	美课	内蒙古大学	李沛然	史安琪	周炎			张学良	
130	三等奖	个人预算管理系统_质活	内蒙古大学	闫东宇	魏浩	李劲东			张学良	
131	三等奖	手电筒	内蒙古工业大学	徐铭贝	邹逸	李乐峰	崔园	李云鹏	韩晓磊	万剑雄
132	三等奖	援手之旅	内蒙古工业大学	白洁	翟鹤	甄文康	郝旭东	柳国栋	田保军	
133	三等奖	掌中鹿城	内蒙古科技大学	王健力	边峰	王苑翠	赵亚琼		余金玲	兰孝文
134	三等奖	安全锁屏	内蒙古民族大学	孙兆轩	袁帅	于斌	明艳波·	忙来斯钦	王庆虎	
135	三等奖	信息发布	晋中学院	庞熠明	王志杰	刘砚涛			芦彩林	
136	三等奖	面向移动设备的现场报告捕捉手	山西大学	王楠	李宗洋	刘泽华	李夏琼		温静	
137	三等奖	穴霸	山西大学	刘万想	李成	高璇	高玉君		杨红菊	
138	三等奖	惠聚漾泉	山西工程技术学院	冯波	刘辉	李国旺	张斌	王典	刘红梅	黄永来
139	三等奖	猴面包树	山西农业大学	张博诗	潘姝任	张越	张江楠	任美茹	郭新东	
140	三等奖	机器人助手	山西农业大学	李小建	夏明宇	鲁红霞	王露	孙文慧	冯灵清	
141	三等奖	圈圈	山西农业大学	高正炎	王金亮	郭栋			成丽君	王鹏
142	三等奖	AgeCamera	山西农业大学信息学院	武尧	韩玉	孔祥敏	赵名		王龙	高宇鹏
143	三等奖	Iyou	太原师范学院	郭玮琪	李星	郭惠杰	武晨云	吕昕	严武军	阴桂梅
144	三等奖	英语好望角	太原师范学院	马松	郭俊峰	刘旭瑞	韩孟涛		阴桂梅	赵鹏
145	三等奖	RollcallChat	运城学院	肖义熙	张强				卢照	

序号	获奖等级	作品名称	所属学校	队长姓名	其他成员姓名				指导教师	
146	三等奖	Talking_Avatar	运城学院	梁凯	刘鹏	乔艳	候榕星		卢照	
147	三等奖	理财小助手	长治学院	侯禹臣	程浩楠	高小淼	任英	辛卓琳	马瑞敏	
148	三等奖	书友会	长治学院	王巨鹏	彭姗姗	康林海	段宇杰	成小海	路璐	
149	三等奖	巧算24点	长治学院	刘星	郭青松	郭莎莎	殷青霞	武晋荣	李永兵	
150	三等奖	大学	长治医学院	杨振	李慕睦	李晋渝	尚圣捷		张建莉	吴琼
151	三等奖	漂	长治医学院	武明辉	丁博	徐丹	范伟	刘庆	兰坤	吴琼
152	三等奖	医学妙记	长治医学院	李林静	赵祥	张泽峰	刘晓阳		兰坤	张建莉
153	三等奖	同窗	中北大学	卫清才	赵康				王东	王丽芳
154	三等奖	Card	南开大学滨海学院	陈兴	程咨豪				刘嘉欣	
155	三等奖	算算乐	天津财经大学	郑菲菲	杜芮	吴荣荣	亓祥元		严冬梅	
156	三等奖	Saf速递	天津城建大学	张赋	霍二帅	姚慧芹			李国燕	
157	三等奖	基于Android平台的远程遥控系统	天津城建大学	刘乐宸	李栋	胡龙湘韵			刘榕	
158	三等奖	图游录	天津城建大学	王迪涛	项文	王广健	付圣伟	张足文	李志圣	
159	三等奖	数字化电子书城	天津工业大学	宋长皓	邵旭辰	康军	位肖羽	房子轩	任淑霞	王佳欣
160	三等奖	易座	天津工业大学	康孟海	呼校铭	孙永乐	李苗苗	赵楠	任淑霞	杨晓光
161	三等奖	免换纸制品的APP旅游助手	天津工业大学	史凡玉	宋世凯	王永鉴	陈开元	秦丽娜	任淑霞	党鑫
162	三等奖	基于unity3d的智能机器人	天津工业大学	李楠	李洁	陆天宇	孙光浩	刘丹青	任淑霞	陈香凝
163	三等奖	帮递	天津理工大学	赵若阳	贺俊毓	郑傲	张静	王娜娜·	王春东	
164	三等奖	基于移动设备的步态识别系统	天津理工大学	田永生	杨传印	崔萌	殷铭	陈霞	黄玮	
165	三等奖	学霸笔记	天津理工大学	李军燕	王玮	朱遥遥	张子鹏	王蕊	唐树刚	
166	三等奖	fastD	天津理工大学中环信息学院	马学文	赵云冬				刘朋	

续表

序号	获奖等级	作品名称	所属学校	队长姓名	其他成员姓名				指导教师
167	三等奖	CM备忘录	天津理工大学中环信息学院	潘福	唐松林	王树东			吴雅轩
168	三等奖	校园分享	天津理工大学中环信息学院	李雪倩	马骏				刘朋
169	三等奖	贴身营养师	天津师范大学	蒋晨洁	刘莹	李凯悦	崔明辉		刘洋
170	三等奖	游走雾霾	天津师范大学	张兆年	郭璋若	辜振贤	白鑫		曹陶科
171	三等奖	家居掌上控	天津职业技术师范大学	姚俊文	张俊	潘茂翔	张琳	张晓蕊	王宏杰
172	三等奖	关于跳蚤社区的手机APP开发	中国民航大学	施叶林	李星悦	肖雪雅	张晓建	焦儒佳	樊玮

高职组

序号	获奖等级	作品名称	所属学校	队长姓名	其他成员姓名				指导教师	
1	一等奖	Running	渤海理工职业学院	申志坤	李鹏涛	王世刚	田鑫		和刚	张春茂
2	一等奖	Cool掌控	内蒙古电子信息职业技术学院	徐世伟	李钊乐	王亚星	李洋		陈瑞芳	张振国
3	一等奖	勇闯绝地	山西传媒学院	杜波	刘煦倬				谢欣	
4	一等奖	记忆力训练系统	天津职业大学	卢红	李玉蕾	杨宝太			谢莉莉	
5	一等奖	U酒保	天津中德职业技术学院	吕彦霏	张震同	谷晓文	何花	谈蕾	王新强	
6	二等奖	家源	北京北大方正软件技术学院	张旭文	吴昊	范园园			朱松	钟霖
7	二等奖	WIFI智能音响	北京联合大学	陈思	马国瑞				陈景霞	王廷梅
8	二等奖	蓝牙智控车	北京联合大学	张文轩	邰晓舟				陈景霞	刘琨
9	二等奖	购机圈	石家庄职业技术学院	王子航	白洋	牛康康	张鹏伟		郝敏钗	李鑫
10	二等奖	爱尚健身	内蒙古电子信息职业技术学院	韩栋	王天磊	党帅	张新民	杨林	白文荣	张跟兄

续表

序号	获奖等级	作品名称	所属学校	队长姓名	其他成员姓名				指导教师	
11	二等奖	福彩双色球助手	内蒙古电子信息职业技术学院	赵永新	杨宁	郭欣君	石权	郭文静	张美枝	高爱梅
12	二等奖	掌上工会	内蒙古建筑职业技术学院	阿其太	张飞	周冰	翟铁岭	李雪梅	冯研	翁宇
13	二等奖	fitFlower	天津中德职业技术学院	李聪聪	张傲	田蓉蓉	朱昌同	朱星星	张瑞	
14	二等奖	大学生指导就业演练系统	天津中德职业技术学院	王亚涛	陈蜀津				张磊	
15	三等奖	天天多功能手机助手	北京培黎职业学院	袁子宇	李攀垚	王威	翟天志		付强	何建成
16	三等奖	球类计分器	保定电力职业技术学院	李清林	张萌	刘岩	任建军	尹浩	郑怿	曹晓杰
17	三等奖	Android自主学习资源平台	保定电力职业技术学院	马延斌	韩情	董笑			周国亮	曹晓杰
18	三等奖	无限聊	渤海理工职业学院	周美玲	郭小文	齐勇超	张德龙		和刚	申天资
19	三等奖	3D模拟驾驶--傻傻开车	石家庄铁路职业技术学院	宋帅通	李泽坤	李萌萌	王蕊	李思佳	刘佳	刘会杰
20	三等奖	食安卫士	石家庄铁路职业技术学院	王晨	兰天伟	曹明锐	刘硕		李筱楠	刘洋
21	三等奖	基于Android的石邮院考证宝典	石家庄邮电职业技术学院	张艾桐	李柯良	关涵月	张瑞年	王丹妮	吕庆	徐晓昭
22	三等奖	唐科院校园通	唐山科技职业技术学院	常帅	郭振垚	蔡东辉			王小花	
23	三等奖	时光备忘	内蒙古化工职业学院	杜彬	徐英杰	兰杰	贺鑫宇	康鸿伟	阿伦	刘海龙
24	三等奖	内蒙古_我的同学录_lioushou@126.com	内蒙古商贸职业学院	贾继博	秦丽杰	胡飞仙	姜英飞		海川	田智
25	三等奖	易校园	天津电子信息职业技术学院	邵正强	朱欣娜	刘竞媛			李云平	高峰
26	三等奖	新生地图综合服务系统	天津铁道职业技术学院	何志祥	宫世西	张志玲	张煜莹		董彧先	
27	三等奖	易校通	天津职业大学	许雁云	阳诗宇	董贺			王晓星	
28	三等奖	校园巡检	天津中德职业技术学院	代强	石鹏杰	程诚	刘坤		王新强	
29	三等奖	易点名	天津中德职业技术学院	郭浩	宋佳	孙庆玲	田蓉	李传玥	胡晓光	

二、"鑫台华·康邦杯" 2015 年华北五省（市、自治区）及港澳台大学生计算机应用大赛优秀指导教师获奖名单

序号	类别	获奖等级	赛区	作品名称	所属学校	指导教师
1	本科	一等奖	北京	MyFace 表情管理工具	北京交通大学	安高云
2	本科	一等奖	北京	天兵天降 iOS 版	北京科技大学	于泓
3	本科	一等奖	北京	微地	北京联合大学	刘振恒
4	本科	一等奖	北京	寻回	北京联合大学	黄静华
5	本科	一等奖	北京	找工作助手	北京联合大学	刘畅
6	本科	一等奖	北京	舞动的算法	北京林业大学	李冬梅
7	本科	一等奖	北京	墨痕	北京信息科技大学	王亚飞
8	本科	一等奖	北京	万卷	北京印刷学院	杨树林
9	本科	一等奖	北京	学科竞赛联盟	中国矿业大学（北京）	徐慧
10	本科	一等奖	台湾	抗日英雄	龍華科技大學	梁志雄
11	本科	一等奖	河北	NEUQer	东北大学秦皇岛分校	王和兴
12	本科	一等奖	河北	有伴	河北工业大学	刘靖宇
13	本科	一等奖	河北	高校通综合服务平台	华北电力大学	王晓辉
14	本科	一等奖	河北	空气保卫战	华北理工大学	吴亚峰
15	本科	一等奖	河北	雷鸣战机	华北理工大学	吴亚峰
16	高职	一等奖	河北	Running	渤海理工职业学院	和刚
17	高职	一等奖	内蒙古	Cool 掌控	内蒙古电子信息职业技术学院	陈瑞芳
18	本科	一等奖	山西	U-safe	山西大学	高嘉伟
19	本科	一等奖	山西	懂你	山西大学	吕国英
20	本科	一等奖	山西	基于人脸识别的手机签到系统	山西大学	孙敏
21	本科	一等奖	山西	老年人服务助手	山西大学	杨红菊
22	本科	一等奖	山西	贴心助手	太原工业学院	刘杰
23	本科	一等奖	山西	HandYCU	运城学院	卢照
24	本科	一等奖	山西	SeeWorld	中北大学	王东
25	本科	一等奖	山西	驻足	中北大学	秦品乐
26	本科	一等奖	山西	图忆	中北大学	秦品乐
27	高职	一等奖	山西	勇闯绝地	山西传媒学院	谢欣

续表

序号	类别	获奖等级	赛区	作品名称	所属学校	指导教师
28	本科	一等奖	天津	《天财社区》	天津财经大学	金钟
29	本科	一等奖	天津	人·仁爱	天津大学仁爱学院	李敬辉
30	本科	一等奖	天津	伴侣	天津工业大学	任淑霞
31	本科	一等奖	天津	监控者 Supervisor	天津理工大学	王春东
32	高职	一等奖	天津	记忆力训练系统	天津职业大学	谢莉莉
33	高职	一等奖	天津	U 酒保	天津中德职业技术学院	王新强

三、"鑫台华·康邦杯" 2015 年华北五省（市、自治区）及港澳台大学生计算机应用大赛优秀组织奖获奖名单

序号	赛区	学校
1	北京	北京联合大学
2	北京	北京信息科技大学
3	河北	燕山大学
4	河北	华北理工大学
5	河北	东北大学秦皇岛分校
6	河北	河北北方学院
7	内蒙古	内蒙古财经大学
8	内蒙古	内蒙古电子信息职业技术学院
9	山西	太原工业学院
10	山西	中北大学
11	山西	山西大学
12	天津	天津理工大学
13	天津	天津城建大学
14	天津	天津商业大学
15	天津	天津中德职业技术学院

第三部分

优秀作品精选

作品1　MyFace表情管理工具

获得奖项　本科组一等奖
所在学校　北京交通大学
团队名称　轻松表情小组
团队人员及分工
　　　　兰宦君：创意来源，程序员，美工
　　　　李振东：DB，测试员
指导教师　安高云

作品概述

随着社交类软件的普及，人们通过社交类 APP 和好友交流通信变得越来越频繁，但是单纯通过文字或者语音并不能充分表达用户的想法，所以出现了各种各样的表情，随着表情的增多，人们对表情的管理却没什么办法。常常需要从图片应用里翻找图片，导致了很大的时间开销，而且图片单单按照时间的排序，没办法分类寻找，给寻找表情带来了很大困难。

MyFace 表情管理工具，结合了手机数据库 Sqlite、百度语音 SDK、标签分类系统的优点，为使用者提供快捷方便的表情管理服务，通过分类检索，频度检索，表情标签功能管理自己的表情，然后快捷地找到自己要使用的表情，让

自己在社交聊天中变得更"酷炫"。

MyFace 表情管理工具是以数据库原理为指导思想，结合标签化管理的优点而开发出来的一款手机社交表情管理软件。

作品可行性分析和目标群体

1. 可行性分析

社交聊天表情化变得越来越普及，社交表情从最初 QQ 的黄色小圆脸发展到现在，具有各种各样特色的表情包，已经俨然在青年聊天群体里形成一种文化，但是随着表情包的日益增多，市面上却没有很好的表情管理软件。几款比较流行的表情软件都是通过表情包来做分类，没法按照用户的需要区分。而微信提供的心情表情检索（比如输入"么么哒"时，如果同时具有两个表情包，且这两个表情包都有对"么么哒"定义的表情，那么微信就会对用户给予显示）虽然方便，但都局限于微信自己原创的表情，对于大多数的表情并不支持。

目前还没有专门服务于表情管理的软件（这里的表情是指表情图片，并不是只针对与一种社交平台的表情格式，所以我们的软件实质是图片管理），对于经常通过图片表达聊天心情的用户，我们的 APP 可以方便用于聊天。

2. 目标群体

在社交类 APP 大行其道的当下，通过社交 APP 聊天通信已经成为人们的习惯，表情的出现，极大地提高人们聊天的兴趣；表情的使用，简直是一种时尚。所以，我们的软件将极大地吸引表情爱好者的眼球。

为自己的表情 DIV 标签，能大大的发挥人们的创造力，当用户发现自己的创造力可以方便自己的生活，让自己更准确的找出符合自己此时此刻心情的表情，我们这款软件绝对可以满足用户的需求，从这点上来说，我们软件极高的自由度会是那些喜爱创造的人们所喜爱的产品。

为了方便用户的检索，我们提供了 4 种寻找表情的途径，既可以手动输入表情的标签来检索，也可以语音喊出自己的心情，可以通过历史来用自己最近的表情，也可以通过常用表情来找到自己爱用的表情，总之，我们通过各种方式来满足用户，让用户找到适合的表情。所以，不管用户多懒，都不会对我们的软件感到厌烦，当然，前提是用户喜欢自己保存的表情，并且愿意为我们的表情花时间添加标签。

MyFace 把上述功能结合到一起，希望可以方便那些有表情使用爱好而且不想花时间在大量表情里海底捞针的用户。如果用户是一个表情爱好者，而且愿意花时间来管理表情，那么我们这款软件是一个不错的选择。

作品功能和原型设计

1. 功能概述

功能简述	功能描述
表情导入系统	实现手机表情导入到数据库，程序会对目标文件夹自动检索，将图片信息保存到数据库，并在生成的文件夹里面备份，备份过程为了防止内存消耗，我们进行了一定的缩略，通过上述方式将手机外部图片导入到程序环境
表情管理模块	表情的管理系统涉及表情和表情文件夹的删改，表情存放在表情文件夹中，可以将表情在表情文件夹中自由的移动，可以更改表情文件夹的名称，对于不喜欢的表情或者表情文件夹，可以从程序环境中删除
表情标签模块	用户可以为自己的表情添加一个或者多个标签,对于添加过的标签用户可以更换标签，整个软件的检索是通过标签来实现的
标签管理模块	软件在最初安装的时候有一些预置的标签，用户可以添加自己喜欢的标签，怎么写都可以。用户也可以将不喜欢或者不常用的标签删掉
检索系统	检索系统分成四个模块，文字检索、语音检索、历史检索、常用检索。文字检索要求用户输入表情的标签，通过标签从数据库中检索。语音检索要求用户输入语音，语音中包含目标标签，程序会从用户语音中找到对应的标签文字再进行文字检索。历史检索会将用户的表情最近使用的表情按时间逐个排序，用户根据使用次序来寻找表情。常用检索会将系统中的表情按照使用次数进行排序，找出最常使用的 30 张表情并逐个排序

注：详细功能请见视频短片

2. 原型设计

实现平台：Android。

屏幕分辨率：≥320×480。

手机型号：适用于 android 系统，并且屏幕分辨率≥320×480 的手机、平板。

作品实现、特色和难点

1. 作品实现及难点

语音识别——语音识别虽然是常用的程序技术，但是如果从无到有设计出符合要求的语音识别，那将是比较困难的。所以我们调用百度的语音识别云服务器来进行语音识别，准确率很高，通过百度语音进行语音心情识别。

2. 特色分析

与传统搜索引擎不同，该项服务能够将答案直接返回给提问者，而不是相关网页。同时，该项服务提供的答案具有很高的时效性、准确性，能够为提问者解答更为详细的问题。

与传统论坛不同，该项服务能够主动地寻找相关使用者以获取相关问题的答案，而不是被动地等待知道答案的使用者回答，很大程度地缩短了提问者等待答案的时间。

与传统图片管理软件不同。我们的软件不是为了方便存储图片设计的应用，而是为了方便检索设计的应用。所以即使将我们的应用当作图片管理软件，我们的服务核心也是如何快速地找出用户需要的图片，这与传统的基于存储的图片管理软件不同。

与当下的表情工具不同。第一，我们的 APP 不具有专向性，可以服务于所有具有图片分享接口的社交类 APP，这与当下的表情 APP 不同，不是只服务于微信或者只服务与 QQ 的 APP，具有很强的通用性。第二，我们的 APP 具有更自由的扩充性。当下盛行的表情 APP，其图片来源多为下载官方表情包，没有办法添加自己喜欢的表情，我们的 APP 可以将手机的图片导入进去，丰富自己的表情世界，所以 MyFace 具有很强的扩充性。第三，MyFace 可以管理表情，DIV 表情的标签，这样用户就可以基于一种心情而拥有多个表情可供选择，这个是当下许多社交类表情管理软件所没有的。

作品2　天兵天降iOS版

获得奖项　本科组一等奖

所在学校　北京科技大学

团队名称　iMoonBird iOS

团队人员及分工

制　作　人：谌业鹏

策　　　划：谌业鹏　王明刚　程　岩

主　　　程：谌业鹏

界　　　面：宋话雯

角色设计：宋话雯　王明刚　程　岩

动　　　画：王明刚

原　　　画：程　岩

特　　　效：宋话雯

音　　　效：程　岩

指导教师　于　泓　洪　源

作品概述

1. 选题背景

《天兵天降》iOS版本是一款运行在iOS平台游戏，灵感来源是我们根据中国古代神秘消失的国度楼兰传说，剧情围绕楼兰古国神秘的历史而自创。

游戏采用纯中国风设计的理念，美术内容融入大量中国元素，例如脸谱、印章、剪纸、孔明灯、炼丹炉、石狮、灯笼、牌匾、卷轴、中药，以及中国古代传说人物等。玩法上属于对推类型，在游戏中玩家可以尽情对天兵排兵布阵，体验在塔层上与怪兽成群作战的刺激，享受配置药材炼丹，升级法术的操作的乐趣，一步一步加强战斗力，攻占一座座被夺走的魔塔，最终拯救失落的楼兰古国。

2.项目意义

《天兵天降》团队希望同过原创的中国风美术设计理念，丰富的玩法以及剧情推广中国传统文化，加强大众对中国传统文化与故事的喜爱，同时打造属于自己的中国风游戏品牌，最终将中国文化国际化。

当前版《天兵天降》已完成所有美术资源（动画、图片、音效）的制作以及战斗系统、UI系统、大部分场景的实现，目前正在进行关卡策划、数值策划、工程资源的整合以及渠道打包。《天兵天降》v1iOS版计划11月中旬在Apple Store正式上线。

可行性分析和目标群体

1. 可行性分析

《天兵天降》iOS版采用Cocos2d-x v3.6游戏引擎及Opengl ES v2.0开发，游戏主逻辑层使用C++11，在iOS平台上渠道打包（广告，付费接口），后台接入使用Objective-C，IDE为Xcode，后台采用PHP，主要实现"登录奖励"，"玩家进度存储"的功能。美术制作上使用了PS、Sketch、AE、PR、Flash、Spine等工具。

2. 目标群体

中国风群体：热爱中国元素或更想了解中国元素的现象，我们相信好的游戏应具有独有的艺术表现力。

休闲策略类娱乐群体:玩家可以通过简单的操作参与丰富多变的战斗场景，将专注中心放在游戏战术策略上。

作品功能和原型设计

1. 功能概述

功能名称	功能描述
发射加载界面	进入游戏进行资源的预加载
主菜单界面	游戏主题展示，音乐，音效开关，进入地图按钮，帮助按钮
地图界面	关卡选择，进入游戏后台4个按钮，登录奖励

续表

功能名称	功能描述
登录奖励界面	领取连续登录奖励
强兵室界面	升级，解锁普通兵种，升级粮草池容量和速率
炼丹炉界面	解锁，制作游戏道具丹药，升级法术令牌
藏金阁界面	敌方兵种说明
强兵室界面	神兵解锁，升级
战斗场景界面	游戏闯关
支付界面	游戏内购

2.原型设计

游戏实现平台：iOS 平台。

屏幕分辨率：对所有尺寸 iOS 设备全部适配，原始设计分辨率为1334×750。

手机型号：支持所有 iOS 系统手机。

《天兵天降》作品截图如下。

（1）游戏图标（图1）。

游戏图标为玩家最开始玩时解锁的第一个兵种-小豆兵。

（2）游戏开启的加载界面（图2）。

加载界面功能目的是为了提前加载游戏资源，提高游戏性能，为游戏流程性作为保证，同时加载界面背景展示了游戏敌我双方主要兵种，双方兵种摆出交锋对阵的阵容，提升游戏代入感，并且第一时间向玩家展示了游戏内容的丰富性。

图1

图2

（3）当玩家白天时间打开游戏时游戏的主菜单（图3）。

背景为沙漠与剧情背景落魄的楼兰相吻合，菜单界面主体为刻有"天兵天降"四个字的牌匾，以体现中国风，菜单界面中有游戏菜单应有的按钮。另外，特别在左上角添加了设置音乐和音效的按钮。玩家白天打开游戏主菜单场景为白天，夜晚场景则为夜色（图4）。

图3

当玩家夜晚时间打开游戏时，游戏的主菜单可见夜晚主菜单场景牌匾背后特意添加了孔明灯这一中国元素细节（图4）。

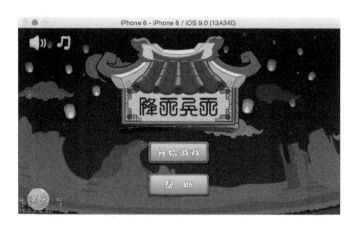

图4

（4）游戏地图界面。

用于关卡的选择及游戏后台的进入，右上角为"登录奖励"按钮，玩家连续天数登录则会获得额外游戏奖励。地图右下角为4个游戏后台场景，分别为"强兵室"、"炼丹炉"、"藏经阁"、"神兵阀"，用于玩家进行兵种升级及游戏道具制作（图5）。

图5

目前还在进行关卡策划和数值策划，因此"关卡说明"暂时为空，选择关卡后，点击"开始游戏"按钮，则进入游戏战斗场景。可见"关卡说明"用"卷轴"这一中国元素表现。另外"开始游戏"按钮采用了中国"石章"的外形（图6）。

图6

（5）强兵室界面。

主要用于我方普通兵种的解锁、升级。此界面可对出兵容器"粮草池"进行容量和速率的升级（图7）。

图7

（6）炼丹炉界面。

炼丹炉界面主要用于游戏道具丹药的炼制，丹药可用于战斗场景中提升兵种作战能力或削弱敌方作战能力（图8、图9）。

图8

图9

（7）藏经阁界面。

藏经阁界面主要用于游戏地方兵种的介绍。采用了"奏折"、"书台"的中国元素（图10）。

图10

（8）神兵阀界面。

神兵阀主要用于我方超级兵种。神兵阀界面设计上体现了"石狮"这一中国元素，并且使用了"五行"，"太极"作为兵种选择转盘的设计理念（图11）。

图 11

（9）游戏支付界面。

应用于内购，玩家在此可以付费快速获得游戏币，是游戏盈利模式的重要部分。喜庆的红色及灯笼让支付界面更具亲和力（图 12）。

图 12

（10）游戏战斗场景。

游戏一共有 12 大关，共 36 小关，每一大关场景背景都不同，在设计上尽可能丰富游戏内容，让玩家的新鲜感持续得更久。左右双方为敌我双方基地，基地之间用塔与架桥相连，共上中下三条战道，左右上角为双方基地血条，玩家可左右滑动场景浏览战场，并可以手势缩放观察战情细节（图13）。

图13

玩家需要点击底部卡牌派遣小兵与敌方派遣过来的小兵作战（敌方小兵由电脑自动出兵），小兵到达对方基地前会攻击基地导致基地扣血，游戏中敌我双方哪方先攻破对方基地则获得胜利（图14）。

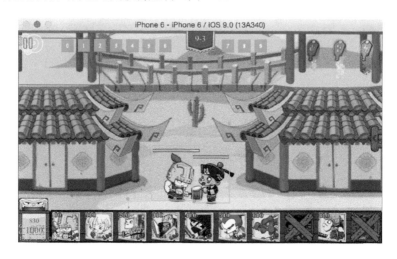

图14

使用全局闪电法术（图15）：

图 15

暂停界面（图 16）：

图 16

胜利界面（图 17）：

图 17

游戏原画欣赏（图18）：

图18

作品实现、特色和难点

1. 作品实现

（1）作品实现及难点

①整个游戏研发团队不到10人，需求量大，每人身兼多职。

②游戏中画面使用大量的美术资源（动画、特效、粒子效果、音效），美术上制作工作量大，在技术实现上资源加载缓存对内存的控制及优化要求高，游戏中资源上使用了FloydSteinBergAlpha（抖动）算法、Spritesheet（精灵表单，使用RGBA4444纹理格式）、骨骼动画进行优化，在资源加载层架构上花费了大量精力，以尽可能优化内存，比最初版本优化了40%~60%的内存使用。

③战斗系统及UI系统的代码实现上使用了多种设计模式（策略、观察者、代理、单例、工厂、装饰者等），内部多次讨论及一遍遍重新架构。就战斗系统而言，难点在于兵种间作战线程、内存的控制、保证兵种与兵种之间、兵种与法术之间的同步及互斥，以及今后战斗场景、兵种、法术的扩展性。就UI系统而言，难点在于UI的交互控制实现及复用性。

④游戏中不能用美术资源代替的动态特效，需要调用OpenGl ES底层代码，根据特效需求进行算法设计，例如藏经阁3d翻页特效、灰度特效等。游戏中设计了大量曲线运动，如弓箭路径、地图老鹰飞行路径、地图较硬路径，都需要运用高数知识及计算机图形学知识。

（2）特色分析

①《天兵天降》是一款扁平化纯中国风游戏，相比市场中其他中国风手游，

本游戏更讲究中国元素细节的强调及造型的原创，将中国元素及神话故事合理融入游戏界面及剧情，让游戏视觉冲击力更强。

②游戏玩法丰富，探索性强，尤其在战斗场景，中国式塔结构给战场带来了更多的空间感，小兵成群作战富有迷你感，对推的新颖让玩家在视觉享受的同时感受到派兵布阵的战术感。小兵作战节奏有松有紧，遵循游戏设计的情绪起伏的代入感及心流感应要点。

作品3　微地

获得奖项　本科组一等奖

所在学校　北京联合大学

团队名称　七叶草

团队人员及分工

　　　　贾继征（队长），认真负责，对新的知识有着极强的学习能力，能合理分配任务，掌控团队进度，提高团队合作效率，同时负责开发编码。

　　　　刘诚诚，活泼开朗，思维缜密，辅助开发编码。

　　　　石嘉铭，沉稳冷静，具备扎实的UI功底，美工设计。

　　　　柴梦娜，踏实努力，面对困难从不气馁，主要负责做辅助美工设计。

　　　　龚红宇，心思细腻，善于归纳内容，主要负责整理数据，文案策划。

指导教师　刘振恒　娄海涛

作品概述

1. 背景调研

（1）中国食品安全现状及绿色食品消费者需求分析

"绿色食品"从提出到现在，已近二十年。如今，琳琅满目的绿色食品占领了各大商场、超市。虽然我国绿色食品发展迅速，总体规模不断扩大，可是目前绿色食品的优势并没充分发挥，其市场销售现状尚不乐观。

绿色食品，顾名思义，绿色食品就是指绿色的、无污染、无添加物的健康食品。具体而言，它是指严格根据特定的生产方式实施作业，经国家专门机构认定后，才能准许使用的、投放到市场进行销售的绿色安全食品，其特点在于优质、营养、安全、无污染。在中国消费者眼中，绿色食品是安全食品、健康食品和环保食品的代称。

安全性是绿色食品的首要特点。绿色食品强调产品出自优良生态环境，其种植、养殖基地必须符合《绿色食品·产地环境技术条件》的要求。绿色食品在生产过程中严格按照"从土地到餐桌"全程质量监控的对策，开展产前检测环节，保证原材的安全性，在生产过程中对生产、加工等操作规程严格落实，并做好产后产品质量、包装、保鲜、卫生指标、运输等工作。从上至下实施层层监管，严格把控，从而使得绿色食品的安全性得到强有力的保证。绿色食品的营养性，通过绿色食品的标准制定表现出来，具有无公害、健康绿色的特点，这也是其区别于普通食品的一个重要因素。与一般的安全食品相比，绿色食品则强调"安全+营养"的双重保证。绿色食品的营养性，能够更好地满足人们对食品的需要。环保性是绿色食品与普通食品的又一个重要区别。普通食品注重的是产品的产量，看重的是经济效益。而绿色食品更加注重"环境+经济"的双重效益。绿色食品的标准从发展经济与保护环境相结合的角度去规范绿色食品生产者的经济行为，是经济系统与生态系统的高度统一。从这个意义上说，绿色食品的发展，走的是一条符合中国国情特色的可持续发展道路。

近年来，广大百姓的生活质量逐步提高，健康饮食已经成为人们关注的重点，食品安全问题日渐突出，健康饮食逐渐成为消费者购买产品主要考虑的因素。绿色食品需求集中体现了消费者的健康需求和生态需求，它的出现，满足了人们物质生活日益提高后对生活更上一层次的需求，即安全、营养、环保（图1）。

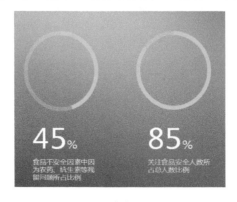

图1

国内市场对绿色食品的潜在需求较大，市场相对广阔。据预测研究发现，在未来 5～10 年中，绿色食品消费数额在食品消费总量中占的比重将在 2% 左右，市场规模相对乐观。随着消费者的健康意识、安全意识、环保意识以及时尚等意识的提高，绿色食品势必成为引领消费的主要产品。它的消费购买也是建立在更加科学的意识基础之上的，是基于人们的新理念而孕育而生的，商家只有掌握先机，充分捕捉绿色食品的潜在市场，才能获得更好的效益。

健康、环保这一理念是新的消费观引领下的新思想，它出现于 20 世纪末，是消费观念与众多新知识、新技术结合而成的新的消费思路。一般而言，受教育程度高的消费者更容易自觉地了解有关健康消费的信息，并将其付诸于行动进行购买。受教育程度低的消费者接受新思想的速度较慢，需要一个相对较长时间的适应过程。因此，绿色食品在推广初期，受教育程度比较高的消费者将成为主体购买力。

绿色食品具有较高的质量和丰富的内涵，相对于一般产品，其价格必然较高，在生产中投入的资金成本也较大，收入低的消费者望而却步，收入高对价格不敏感的消费者有可能成为其主要目标顾客。

基于中国市场目前存在的区域差距，居住地的不同，对于绿色食品的接受程度和购买力也有较大的区别。改革开放之后，中国农村的发展很快，但是从整体来看，收入和受教育程度均低于城市消费者。

消费者的需求是有差异的，这种差异的体现在多方面。基于马斯洛的需求层次论可以得知，消费者因为饥渴需要食物，因为回避有害食品或者无益食品对身体和其他方面造成损失而追求安全、健康的食品。绿色食品能为消费者提供的利益是安全的、有益的健康食品，它更好地迎合了现今的生态环境保护观念，有助于节省资源，促进可持续发展，在一定程度上属于较高层次的社会需求。消费者对绿色食品的需求是客观存在的，并且会不断地增长。

进入 21 世纪以来，我国国民经济状况的改善，人民生活水平逐步提升，食品的质量、健康问题成为了社会关注的焦点，人们对食品安全的要求不断增多。绿色食品拥有严格的认证标准，使绿色食品的质量远远高于普通食品，这大大增加了消费者对绿色食品的需求。

目前，绿色食品价位比一般食品要高一些，这一点毋庸置疑。也正是由于这一原因，导致其得不到进一步推广，普通百姓的消费能力有限，也是绿色食品面临的巨大难题。当市场开始进入快速发展时期时，以价格适当调低作为启动市场的信号，再加上大面积的促销和宣传，能使绿色食品市场的发展很快出现较大的转折。适度降低消费者购买成本，以此启动更大范围的绿色食品消费需求。

虽然今年 10 月 1 日正式实施被称为 "史上最严" 的新《食品安全法》，但是对于我们每一个人切身的安全，仅仅一部安全法远远不够。食品安全关键在于公开透明，而我们的 APP（微地），正是基于这一点诞生的。微地最核心的功能就是实现实时监控，只有实时地看到所种植的食品的过程，才会真正相信这食品是安全可靠的。

（2）信息技术的发展

历经多年发展，我国互联网已成为全球互联网发展的重要组成部分。互联网全面渗透到经济社会的各个领域，成为生产建设、经济贸易、科技创新、公共服务、文化传播、生活娱乐的新型平台和变革力量，推动着我国向信息社会发展。

据 2012 年 5 月 7 日中商情报网报道，①互联网应用规模快速扩大。"十一五"期间，网民数增长 3 倍，达到 4.57 亿人，普及率攀升至 34.3%，超过世界平均水平，其中城市网民达到 3.32 亿人，农村网民达到 1.25 亿人。互联网网站数量由 2005 年底的 69.4 万增长至 191 万个，网页数量增长 13 倍，达到 600 亿个，容量接近 1800TB。应用创新迅猛推进，移动互联网、互动媒体、网络娱乐、电子商务等成为"十一五"期间发展最快、影响最广的领域。②互联网基础设施能力持续提升。我国已建成超大规模的互联网基础设施，网络通达所有城市和乡镇，形成了多个高性能骨干网互联互通、多种宽带接入的网络设施。"十一五"期间，固定宽带接入端口增长近 3 倍，达到 1.88 亿个，3G 网络覆盖大部分城市和乡镇；骨干网带宽超过 30Tbps，互联网国际出入口带宽增长 7 倍超过 1Tbps，骨干网络海外 POP 点达到 40 个。互联网资源拥有量大幅增长，截至 2010 年，IPv4 地址总量达 2.78 亿，居全球第 2 位，".cn"注册量约 435 万，中文顶级域".中国"实现全球解析，引入三个根域名镜像服务器，网络性能有效提升。③互联网技术创新能力不断增强。技术标准影响力快速提升。2005 年前，我国主导完成或署名的 RFC 数量共 3 个，到"十一五"末期增加到 46 个，涵盖互联网路由、网际互联、安全等核心技术领域，国际影响力明显增强。下一代互联网领域快速进展，建成全球最大的 IPv6 示范网络，并在网络建设、应用试验和设备产业化等方面取得阶段性成果。面向未来的下一代互联网新型架构研发稳步推进。

随着移动互联网时代滚滚而来，智能手机应运而生并发展迅速，现在我们能够随时随地获取自由信息，信息对于每个人生活、学习、娱乐、工作、社交的重要性不言而喻，同时也给我们带来了更多便捷。网上交易日渐壮大，其体制也逐渐完善，越来越多的人将网上购物当作生活的一部分。

（3）农民使用智能手机状况

什么是智能手机？智能手机是个比较模糊的概念，现在比较被大家承认的说法是"像个人电脑一样，具有开放式操作系统，用户可以根据自己的喜好，自行安装软件、游戏等第三方服务商提供的程序，通过此类程序来不断对手机的功能进行扩充，并可以通过移动通信网络来实现无线网络接入的手机"。简单说来，智能手机其实就是一部像电脑一样的手机。不仅可以让您拨打电话，而且还增加了功能，您可能会发现它是一个个人数字助理或计算机。举例来说，如能够发送和接收电子邮件和编辑 Office 文件。智能手机为用户提供了足够的屏幕尺寸和带宽，既方便随身携带，又为软件运行和内容服务提供了广阔的舞台，很多增值业务可以就此展开。

智能手机逐渐占领市场，几乎取代了非智能手机。人们也开始逐渐去了解、去接受、去适应。

经过我们小组在北京郊区的走访调查，在对 200 余人进行询问后，有 93% 的农民正在使用智能手机，并有 91% 能使用智能手机聊天和对一些简单的应用软件进行操作。

（4）国内土壤分布情况

中国土壤的水平地带性分布，在东部湿润、半湿润区域，表现为自南向北随气温带而变化的规律，热带为砖红壤，南亚热带为赤红壤，中亚热带为红壤和黄壤，北亚热带为黄棕壤，暖温带为棕壤和褐土，温带为暗棕壤，寒温带为漂灰土，其分布与纬度基本一致，故又称纬度水平地带性。在北部干旱、半干旱区域，表现为随干燥度而变化的规律，东北的东部干燥度小于 1，新疆的干燥度大于 4，自东而西依次为暗棕壤、黑土、灰色森林土（灰黑土）、黑钙土、栗钙土、棕钙土、灰漠土、灰棕漠土，其分布与经度基本一致，故又称经度水平地带性。这种变化主要与距离海洋的远近有关。距离海洋愈远，受潮湿季风的影响愈小，气候愈干旱；距离海洋愈近，受潮湿季风的影响愈大，气候愈湿润。由于气候条件不同，生物因素的特点也不同，对土壤的形成和分布，必然带来重大的影响。

不同地区的土壤有它独特的优势，当地农民对其土壤也有深入的了解，懂得如何妥善使用和管理。

北京的土壤主要是以抗旱棕壤为主，特别适合苹果、梨、板栗等干鲜水果，也能满足大部分的蔬菜生长需要。郊区的菜地可以得到更好地利用，让安全健康的水果蔬菜走进市中心。

（5）国内外手机软件应用商城

第一个手机软件应用商城是苹果公司在 2008 年 7 月开创的，进入 2009 年以来，应用商店（App Store）开始在全球电信市场不断蔓延。应用商店模式改变了手机软件原有的销售方式，App store 为第三方软件的提供者提供了方便而又高效的一个软件销售平台，使得第三方软件的提供者参与其中的积极性空前高涨，适应了手机用户们对个性化软件的需求，从而使得手机软件业开始进入了一个高速、良性发展的轨道。

通过这样一个模式，手机应用终于不再完全受制于制造商，消费者可在线选择自己喜爱的应用软件，将其安装在自己的手机中。App Store 通过整合产业链合作伙伴资源，以互联网、无线互联网等通路形式搭建手机增值业务交易平台，为客户购买手机应用产品、手机在线应用服务、运营商业务、增值业务等各种手机数字产品及服务提供一站式的交易服务。

手机软件商店目前较大的应用商店有以下几家：

①乐商店，是联想集团全力打造的应用商店，是国内最大最安全的安卓（Android）软件和安卓（Android）游戏免费下载平台之一。

②机客网，是既美国 GETJAR 之后，国内最大的，也是唯一一家全平台的手机应用商店。

③App Store，是苹果公司基于 iPhone 的软件应用商店，向 iPhone 的用户提供第三方的应用软件服务，这是苹果开创的一个让网络与手机相融合的新型经营模式。

④Ovi Store，诺基亚发布，将提供应用程序、游戏、视频、Widget 小工具、播客（视频分享）、基于地理位置的应用等各种内容，用户可以通过 S60 和 S40 平台手机登录该商店。

⑤Android Market，是 Google 针对苹果的 iPhone App Store 开发自己的 Android 手机应用软件下载店，它允许研发人员将应用程序在其上发布，也允许 Android 用户随意将自己喜欢的程序下载到自己的设备上。

⑥黑莓应用程序世界（BlackBerry App World），包含了游戏、办公、娱乐、新闻、天气、保健、社交网络等各种应用，App World 目前约有 2000 款软件。

⑦MobileMarket，是中国移动在 3G 时代搭建的增值业务平台，由中国移动数据部负责运营，并由广东移动和卓望科技负责共同建设。MobileMarket 平台的运作流程，是用户通过客户端接入运营商的网络门店下载应用，开发者通过开发者社区进行应用托管，运营商通过货架管理和用户个性化信息进行分类和销售。

⑧玩家营，中国联通发布，将所有程序按照类型进行分类，用户需要注册

并选择手机型号后就能找到适合自己手机的应用程序。截止 2010 年 3 月, "玩家营"内有近 300 个应用程序, 免费和收费的均有涵盖。

⑨天翼空间, 2009 年 12 月 1 日, 中国电信 (四川分公司) 天翼空间应用商城正式商用, 由四川电信与华为公司合作建设, 并于 2009 年 9 月 1 日公测上线。

⑩移动小鬼, Android 应用加油站正式上线, 包括 Web 版本和 App 版本, 是一款专业的 Android 手机免费应用程序下载、管理网站/手机客户端。

以上 10 款手机软件商店是国内外主流手机软件商城, 但其中以推广一对一销售农产品或以食品安全为主的软件极为罕见, 并且因其没有逐步完善而得不到推广, 最终也只能石沉大海。

（6） "互联网+" 时代的到来

2015 年 3 月 5 日消息, 第十二届全国人民代表大会第三次会议在人民大会堂举行开幕会。李克强总理提出制定 "互联网+" 行动计划。

李克强在政府工作报告中提出, "制定'互联网+'行动计划, 推动移动互联网、云计算、大数据、物联网等与现代制造业结合, 促进电子商务、工业互联网和互联网金融健康发展, 引导互联网企业拓展国际市场。"

"互联网+" 是创新 2.0 下的互联网发展新形态、新业态, 是知识社会创新 2.0 推动下的互联网形态演进及其催生的经济社会发展新形态。"互联网+" 是互联网思维的进一步实践成果, 它代表一种先进的生产力, 推动经济形态不断的发生演变。从而带动社会经济实体的生命力, 为改革、创新、发展提供广阔的网络平台。

通俗来说, "互联网+" 就是 "互联网+各个传统行业", 但这并不是简单的两者相加, 而是利用信息通信技术以及互联网平台, 让互联网与传统行业进行深度融合, 创造新的发展生态。

它代表一种新的社会形态, 即充分发挥互联网在社会资源配置中的优化和集成作用, 将互联网的创新成果深度融合于经济、社会各领域之中, 提升全社会的创新力和生产力, 形成更广泛的以互联网为基础设施和实现工具的经济发展新形态。

几十年来, "互联网+" 已经改造及影响了多个行业, 当前大众耳熟能详的电子商务、互联网金融、在线旅游、在线影视、在线房产等行业都是 "互联网+" 的杰作。

农业这一块, 也应该通过 "互联网+" 带动起来, 但目前 "互联网+农业" 的发展还很欠缺。相关的网站、软件等做得也不完善, 做出来的东西几乎也没人去使用。

（7）走进人群的调查

想要做一款实用的 APP，了解使用者的整体情况是必不可少的一步。我们小组就北京周边进行了实地调研。我们分别在北京东城区、西城区、朝阳区、崇文区、海淀区、宣武区、石景山区、门头沟区、丰台区、房山区、大兴区、通州区、顺义区、平谷区等 14 个区进行了问卷调查，并与参与者以聊天的形式进一步采集意见与建议，更详细地对实际需求进行分析（图2、图3）。

图2   图3

对于消费者与生产者两个群体，我们分别做了两份详细的调查问卷。

在热心参与者的积极配合下，我们一共发出了 486 份调查问卷，其中针对消费者的有效问卷 241 份，针对农户的有效问卷 233 份。

通过对各个地区的随机调查，我们得到了许多宝贵的数据。在绿色消费者与其收入、受教育程度、居住地区、年龄有着密不可分的关系（图4、图5）。

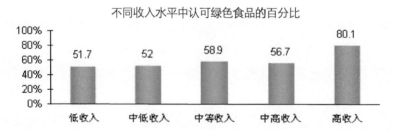

图4

不同教育水平中认可绿色食品的百分比

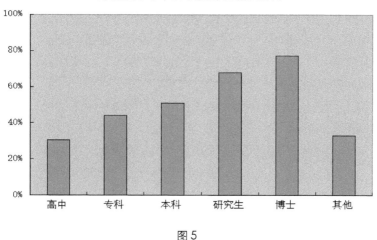

图5

（8）结论

随着生活水平的日渐提高，越来越多的人也开始关注饮食健康。但与此同时，食品安全却又频频出现问题。在国家的趋向批量化生产，统一化管理的模式下，农业产量的确有了显著地提升，越来越多的人放下锄头走进了新天地。为了从农业获取暴利的商人开始生产各种各样对人体有害的水果蔬菜，让我们恐惧，又不得不吃。

现在还有一部分农民还保持着比较传统的耕作方式，一部分是自家吃，剩下的会就近卖给附近的小饭店或者摆地摊卖给路人。这类少量生产的农产品，如果需求者和耕作者进行一对一的监督，透明水果蔬菜生长的全过程，食品安全容易得到好的保障，这样得到的水果蔬菜自然让人放心。其次，也可以使耕作者这样零散的小商家能有渠道去销售自己多余的一些农作物，从而提高自己的经济水平。

同时，现有很多网上购物的体系已经做得比较完善，网上购物的安全性也可以得到很好的保障。这使得自己看着长大的水果蔬菜通过互联网从耕作者直接到自家门口得以实现。

2. 任务概述

（1）项目意义

俗话说"民以食为天"，食物是人类赖以生存的物质基础。身体的生长发育和组织更新所需要的原料、人体的各种生理活动和保持体温恒定所需要的能量都是由食物供给的。粮食、食用油、蔬菜、水果、肉类、禽类、水产品、蛋类、乳类、糕点、糖果、罐头、饮料、豆制品、调味品等都属于食品。我国的食品不但品种繁多，而且食品加工和烹饪技术更是独树一帜，这是我国劳动人民几千年创造和积累的成果。

食品安全是一项关系国际民生的"民心工程"，直接关系到广大人民群众的身体健康和生命安全，关系到经济发展和社会稳定。保障食品安全是一项复杂的系统工程，从生产到流通再到消费，各个环节都要抓好；从政府到企业再到消费者，人人都要明白，家家都要参与。近年来苏丹红和三聚氰胺等事件的恶劣影响，使广大消费者至今仍心有余悸。因此，必须严厉打击破坏食品安全、危害人民健康的行为，加强食品安全宣传教育，提高全民食品安全知识水平和自我保护能力，营造全社会共同关注、共同参与食品安全的良好氛围。

当前，许多消费者的食品安全意识还不强，消费知识仍然不足，食品安全的社会基础还不牢固。广大消费者迫切需要一本通俗易懂、内容实用的食品安全与营养保健的科普读物。在此汇集了食品安全管理、食品鉴别、营养科学、食品贮藏、消费维权等食品安全基础知识，从细节处着手告诉读者如何选购食物，怎样科学合理地安排自己的饮食，什么季节应该多吃哪些食品，在消费中遇到问题如何投诉等。这是人们饮食安全和营养保健的居家生活锦囊。

食物是人类赖以生存的物质基础，食品安全是一项关系广大人民群众身体健康和生命安全的"民心工程"。应该使消费者增强食品安全意识、增加食品安全知识，树立健康、科学的消费观念，积极参与食品安全的监督，保证饮食安全和身体健康。

（2）项目目标

在实时监控这种透明化的生产方式下，从农作物的播种，然后经历开花结果，都是在用户的随时监控下完成的。对农作物的管理，例如浇水、施肥、插秧等，用户都有权干预。还可以将这种用户自己监督的生产模式推广到需要加工的食品。

消费者仅仅依靠所谓的"信誉"去购买水果蔬菜，哪怕是大超市也曾经出现过许许多多让人心寒的食品问题，更何况是在现在已有的为了盈利而盈利网上商店去购买。在这些农作物生产的途径里，有很多我们看不到的地方，恰好这些看不到的地方就是黑心商人做手脚的地方。

"微地"的出现，将把这些过程全部透明，为食品安全问题的解决打开了一扇新窗，也是解决食品安全道路的新的里程碑。在对食品安全进行全面监控的同时，唤起暂时还没有意识到食品安全重要性的群体对食品安全的关注，参与进来的人越多，农作物的生长就能得到更全面的监控，从而更能提高其安全性。

在"微地"这个平台，食品安全是一个基本目标。

同时，作为一名大学生，就应该心怀天下。"风声雨声读书声，声声入耳；家事国事天下事，事事关心"，读书的同时，我们也应该对国家的发展尽自己一份微薄之力，做一个有热血的中国人。

缩小贫富差距实现共同富裕是新时期实现中国梦的重要行动。贫富差距是在贫富分化的过程中形成的。广义地说，城乡贫富差距不仅体现为城乡之间经济财富、政治财富、人力资源财富等方面的差距，也包括了文化资源、社会资源和公民资源拥有和分享等方面的差距，大家主要关注城乡之间经济财富、劳动分配收入和公共服务等方面的贫富差距。这不仅包括城乡居民收入水平的高低、财产拥有的多寡、生活质量的优劣等显性方面的差距，还包括城乡居民在基本公共服务领域，如教育、医疗、社会保障、土地、基础设施等隐性方面的差距。

"微地"就像一座桥梁，可以实现城乡之间的交流，促进城乡之间进行资源共享，一定程度上去改善现状。

在未来的不断推广和发展中，"微地"将从根本上解决食品安全问题。同时，也将对贫富差距的缩小有一定的影响。

（3）项目创意点

①互联网+

"物联网+工业"。运用物联网技术，工业企业可以将机器等生产设施接入互联网，构建网络化物理设备系统（CPS），进而使各生产设备能够自动交换信息、触发动作和实施控制。物联网技术有助于加快生产制造实时数据信息的感知、传送和分析，加快生产资源的优化配置。

在金融领域，余额宝横空出世的时候，银行觉得不可控，也有人怀疑二维码支付存在安全隐患，但随着国家对互联网金融的研究也越来越透彻，银联对二维码支付也出了标准，互联网金融得到了较为有序的发展，也得到了国家相关政策的支持和鼓励。

"微地"的出发点是将"互联网+"应用到农业，打破传统的农产品销售模式，也给小的个体农户提供了销售机会，在互联网的带领下，将自己的农产品直接销售到消费者手里。众人拾柴火焰高，当"互联网+农业"成为一种经济模式时，互联网时代的新农民不仅可以利用互联网获取先进的技术信息，也可以通过大数据掌握最新的农产品价格走势，从而决定农业生产重点。与此同时，农业电商将推动农业现代化进程，通过互联网交易平台减少农产品买卖中间环节，增加农民收益。面对万亿元以上的农资市场以及近七亿的农村人口，农业电商面临巨大的市场空间。"微地"还可以在"互联网+"的背景下与更多的行业相结合，甚至进行拓展。

②O2O

2013 年 6 月 8 日，苏宁线上线下同价，揭开了 O2O 模式的序幕。线上线下还有一种 O2O 新模式，也就是生活服务类 O2O，比如微客中国网。把线下的服务通过线上出售、购买、交易、点评形成的新商业模式。"微地"也借鉴了这样一种模式，将线下的农产品通过"微地"这个平台，也同时能在线上出售，消费者可以进行预定式的购买，然后交易、点评。

农民的土地在没有被全部预订完的情况下，也采用完全绿色的种植过程，提供给还未预定的用户或是想马上了解的用户。用户去农家实地查看，在农户家直接购买成熟的作物，带回家烹饪。这种线下模式主要用于用户在预定前期对土地的了解，以方便一部分想要直接收获绿色蔬菜的用户。

③社交媒体进行传播

"微地"的推广将利用微信、微博、QQ 等平台进行推广，根据消费者的意愿进行分享，在朋友使用以后进行推荐。

"微地"也通过微信公众号的形式对相关信息进行推送。以下是几个推送的截屏（图6～图9）。

图 6

图 7

图8　　　　　　　　　　　图9

　　大自然是生态环境最直观、最生动的教育课堂，孩子可以通过观察、比较、测量、采集、感知植物生命的多样性，发现生命的变化，了解植物生长与环境的关系。每个孩子的天性就是玩，在玩中孩子又可以学到许多书本上学不到的知识。如春天去凤山公园春游，数一数花瓣有几片，闻一闻花草是什么味道，看一看植物的嫩叶有什么不同。秋天到凤山公园里，抱一抱大树有多粗，找一找果实在哪里，捡一捡飘落的树叶，做一做树叶粘贴等，拓宽了孩子们的学习空间和内容。很多家长由于工作繁忙，没有充裕的时间带着孩子去到城市以外的青山绿水。让孩子领养不同的植物，足不出户，也可以渐渐了解更多和大自然有关的知识，培养孩子动手能力，让孩子学习照顾自己的植物，培养孩子的爱心和坚持做完一件事的恒心，蔬菜成熟也能让孩子体会付出后收获的喜悦。

　　在"微地"公众平台提供给孩子们领养植物的渠道，让孩子自己动手，逐步了解大自然。

　　在植物生长过程中，根据植物的变化推送植物相应生长状态的小知识，让孩子在植物的逐渐生长中获得知识（图10、图11）。

图10   图11

当然，苦恼每天做什么菜的妈妈们也可以在微地里看到成熟的蔬菜相应的各种做法，换着花样烹饪同一种蔬菜。

在农户条件允许的情况下，可以去农户的土地进行实地参观，带上孩子，亲近大自然。

每一个时节该吃什么样的蔬菜，蔬菜都有些什么营养，微地也会定期推送，让用户在日积月累里，称为营养大师，每一餐都能搭配出营养均衡的美味大餐（图12、图13）。

图12   图13

④百度云资源

"微地"的安装包的前期以压缩包的形式存储到百度云盘,不用经过软件商店下载,在没有上线也可以进行推广。

⑤绿色

"微地"是一款以绿色蔬菜为主打产品的绿色软件,不收取任何费用。当然在农户在注册的时候,为了保证消费者的利益,需要缴纳一定的保证金。

⑥实时监控

"微地"通过实时监控这个功能实现了农作物的整个种植,生长环境的透明化。在土地里安装摄像头,消费者通过自己的手机就能看到地里的情况,解决了食品安全的问题。

⑦自主管理

农户所扮演的角色只是执行者,消费者才是裁决者。在浇水、施肥等操作之前,会先询问消费者的意见。当然,在与农户建立了一定信任关系之后,也可在消费者意愿下交由农户根据实际情况进行相应操作。

作品可行性分析和目标群体

1. 可行性分析

（1）社会可行性

小微农业企业主要是指产权和经营权高度统一、产品种类单一、规模和产值较小、从业人员较少的农业经济组织。依照 2011 年我国制定的农牧渔业企业标准,将年营业收入 500 万元以下、从业人员 50 人以内的农业企业统称为小微农业企业。其作为一种机动灵活的企业存在形态,能够很好地实现小而精,同时也能给市场带来极大的活力。因此,研究小微农业企业在销售端的运营模式创新有着很强的经济意义。

近年来,农产品的安全问题开始逐渐引起人们的关注。与此同时,一批生态企业开始尝试使用清洁的种植技术和全新的经营理念来运营农产品的生产和销售,社区支持农业模式（Community Support Agriculture，CSA）也开始兴起,如北京的"小毛驴 CSA 社区"、珠海的"绿手指"等。但由于国内生态农产品市场鱼龙混杂、消费者信任度低等问题,新兴的这一批小微生态企业普遍面临着严重的营销问题。如何通过商业模式的再创新,从而带动生态农业的发展,进而最大限度地解决食品安全问题,有着较强的社会意义。

　　小微企业作为市场经济中一个不可或缺的部分，在生态食品领域也开始逐渐崭露头角。广州的小微生态非政府组织（Non-Governmental Organizations, NGO）"农夫市集"在 1 年内已发展了 40 余家小微参展企业。但由于小微企业品牌知名度低、资金实力差，而生态食品市场对于产品质量要求高、营销难度大，如何经济地实现产品生产销售，同时保证长远持续经营，是小微企业面临的重大难题。

　　综上所述，只要保证了食品的安全性，让消费者安心，"微地"就有存在的价值。

　　现在大部分消费者都是通过信誉去判断食品的安全性，无论是在线上还是在线下。线下，主要是从一些知名的生活超市去购买水果蔬菜；线上通过其他用户的评价和商家的描述进行判断。但是每个人的心里还是会想，这个东西，真的就没有问题吗？

　　而"微地"通过实时监控的功能完全透明化农作物生长全过程，消费者可干预对农作物的实际管理。耳听为虚，眼见为实，只有亲眼所见，才会放心。

　　（2）经济可行性

　　"微地"的起步是以微商形式进行，对农户而言，只需要缴纳一定的押金。农户的土地，就算不被消费者预定，他也会种上农作物，在暂时的支出上，农户是可以承受的。

　　"微地"是从长远着手，盈利方式主要是在为农户的农作物提供销路的基础上吸引更多的消费者使用。在消费者预定土地时预付的定金暂存"微地"平台时，使用这笔资金投资。滚动来完善"微地"这个平台，使其运营更加稳定。

　　2．目标群体

　　识别绿色食品的目标顾客群，需要分析购买行为的影响因素，这里仅从与绿色食品购买关系密切的受教育程度、收入、年龄、居住地区等方面进行考察。

　　①受教育程度

　　健康、环保的概念是 20 世纪末 21 世纪初出现的新的消费潮流，体现的是与众多新知识、新技术、新思想相伴随而兴起的新的消费观念。受教育程度高的消费者能够比较自觉地了解有关的信息并很快地接受新观念并付之于行为。受教育程度低的消费者对于健康、环保的概念的接收和接受较慢，需要一个较长的过程。在绿色食品推广的初期，受教育程度较高的消费者成为目标顾客的可能性最大。

②收入

由于高质量、具有丰富内涵的绿色食品比较一般食品处于较高的档次，而且其生产经营的成本费用较高，绿色食品的价格也相对较高，幅度一般在20%左右，有机食品达到了50%。价格相对较高，使得收入低的消费者望而却步，将绿色食品排除在购买目标的范围之外。收入高的对价格不敏感的消费者有可能成为其主要目标顾客。

③年龄

从绿色食品概念，我们可以推断，对于绿色食品认知和接受多半是深思熟虑的结果，完成这种过程的一般具有丰富的人生阅历和经验。年纪较大的消费者成为目标顾客的可能性更大。30岁以上的消费者、经常购买使用绿色产品的比率大大高于30岁以下的。当然，青少年也能够认知和接受绿色食品，但基本上是被动的或冲动的，需要随着自身的成长完成从被动到主动的转化。而在青少年时代就已认知和接受绿色食品概念的消费者，成人后更容易成为其主要目标顾客。

④居住地区

将居住区域作为主要影响因素，是基于中国市场目前存在的较大城乡差异，而且这种差异还会存在相当长时间。改革开放后，中国农村的发展进步很大，但整体来看，收入和受教育程度低于城市消费者。据此，我们可以把具有收入较高、年岁较大、受教育程度较高，居住在大中城市等特征的消费者看作是显在的绿色食品的主要目标顾客。这些消费者是绿色食品扩散和接受过程中的"革新者"和"早期接受者"，也是目前我们讨论研究的重点对象。其他具有安全意识、环保意识的消费者，则是绿色食品的一般目标顾客，虽然有的消费者目前没有表现出明显的绿色食品购买行为，但同样属于绿色食品的目标顾客群范围，是潜在的具有巨大开发意义的群体。

我们预计，具有高消费倾向、个性化需求、价格敏感性低等特点的消费群体将成为绿色食品消费的主力军；尤其是其中已婚有孩子的高收入家庭将是首要消费者，此外，要重点关注老年人、孕产妇、婴幼儿等特需群体。

农户这个群体，主要就暂时考虑在北京、上海这样的一线城市周边的拥有土地并且保持一定面积耕作的农民。

作品功能和原型设计

1. 作品的概述

如果我们能回到自己耕作的年代，有一片自己的土壤，没有农药，没有化学加工，种自己想吃的作物，我们还会担心食品安全问题吗？

微地是一款让我们拥有自己土地的手机 APP，远程操控，种自己想种的作物，用自己想用的肥料，随时查看作物生长情况。利用智能手机，通过互联网技术监控第三方替我们种菜，一方面通过摄像头随时采集信息，一方面通过定期发照片对农作物进行远程监管。种植水果蔬菜的过程中，可以根据生长情况和自己的需要选择使用肥料和种植方式等，期间还可以详细地观察到植物的生长过程。

在监管自己作物的同时，我们又能体会到在田园耕种的美好。社会的发展越来越快，每天都拿着手机，看着电脑，不知道有多久没有去田野里奔跑过了。早就记不清和爷爷奶奶菜地里一起拔草的情形，早就想不起村子里的小麦和稻田，我们融入了大都市，却失去了来自大自然的风景。

还记得在田野里放风筝时，奶奶在旁边种什么菜吗？还记得刚从土里刨出的大地瓜在衣服上蹭完就吃的香甜吗？还记得玉米是怎么从一颗小玉米粒儿就结出了两三个大大的玉米吗？

实时监控不仅仅是监察作物的绿色种植，也是一种回归自然，了解自然，关注自然的途径。

在微地的平台上，还能让从小就生活在城市里的孩子，一点一点地了解大自然，了解每一种蔬菜的生长过程，了解土地与大自然的神奇魔力，甚至参与到其中，获得更多的社会实践经验和丰富的生活技能。

同时微地也利用了微信、支付宝等平台进行金钱交易，降低了财产安全性能，便捷了买家与卖家的沟通。使用微地附带的聊天软件——"微小地"可以直接联系到农户和微地上的好友，聊天畅快，聊天记录也可以作为利益纠纷时的有力证据。

2. 任务的概述

（1）食品安全状况

这是一款以保障食品健康为基础的软件，消费者通过微地这个平台可以获得自己远程监控所种植出来的农作物，24小时随时查看农作物的实际情况。

消费者通过预定土地享有土地暂时所有权，有权根据自己的意愿选择种植的农作物种类，并在农作物种植期间做出某种干预，如在肥料的使用与否，肥料的种类选择，农作物的种植方式等。通过一系列透明化种植过程，和完全自主控制的种植方式，来实现通过互联网"亲手"种植农作物，以保证食品安全。

在微地的后期发展中，将拓广到需要加工类的食品。目前可以实现的小部分需要加工的食品是对水果蔬菜进行简单的加工。根据消费者的需要，农户将在能力范围提供对蔬菜水果进行简单的加工，如稻子的剥壳、磨玉米粉、腌制一些咸菜等。这些加工的全过程也将在消费者的实时监控下进行，完全避免了加工环节带来的安全隐患。

（2）适用人群

适用人群一：高级管理人员以及白领阶层。

由于此类人群过着朝九晚五的生活，白天上班，接触到的新兴事物较多，接受能力强。微地平台能提供的安全水果蔬菜，能满足此类人群的对高生活质量的要求，还原了过去的自家种菜自家吃的温馨感，更能得到他们的喜爱。与此同时，微地的使用能给这个阶层的人提供向朋友、家人分享健康的渠道。消费者在预定土地的时候，可以预定给家人朋友，农作物成熟后直接分送到家人朋友手里。

适用人群二：家庭主妇。

家庭主妇主要负责家里的饮食起居，上至年事已高的父母，下至嗷嗷待哺的孩子，还有整日工作劳累的丈夫，准备一家人的三餐是每个家庭主妇必不可少的任务。每天去超市买菜都要想着如何才能合大家的口味，还得有营养。家庭主妇也希望正在发育的孩子吃到的都是绿色无污染的蔬菜，尚未离世的老人多吃点绿色无污染的水果延年益寿，为家努力工作的丈夫能吃上干净的食材。"微地"对水果蔬菜绿色安全的保障，正好能满足她们的需求。

家里的孩子一直生活在城市里，没有足够多的机会去接触大自然，而微地是一个很好的平台，提供给孩子一个了解大自然的途径。

适用人群三：想创业的人们以及在家耕种的农户。

每个人心目中都有自己的创业理想，而又苦于没有资金。微地平台提供一个以小博大的机会，只要在家里有可以耕种的土地，让大家实现创业梦想。随着微地的发展，土地的功能也会有更多的发展空间，链接更多形态的产业。

适用人群四：就业压力大且工资低的大学生。

不管是否有合适的职业，收入如何，现在都应该学习一些互联网相关的知识，这对于将来的投资受用无穷。而且，大学生们对于新鲜事物的接受能力较强，如果参与到微地那将意味着广阔的人生发展潜力。

对微地的使用逐渐强化食品安全的理念，从大学生开始就有食品安全意识，这对食品安全问题的根治起到了极大的影响

（3）对绿色食品的需求

绿色需求与一般意义上的需求相比至少有以下两个方面的不同。

第一，绿色需求集中体现了消费者的健康需求和生态需求。

随着物质文明程度的提高，健康在很多情况下成为人们购物及消费时首先考虑的因素，维持人类自身生存的物质产品和服务是否无毒无害无损健康成为人们关注的焦点。

第二，绿色需求是一种前瞻需求，是一种先进需求。

这种需求是建立在较高的环保意识和绿色消费意识的基础上的，是基于人们的生态道德观和社会责任感而产生的，它包含了消费者的多种消费预期；

这种需求是经济发展和社会进步的一种体现，经济越发达的国家这种需求越旺盛，增长越快，它要求将先进技术综合运用于产品和服务的生产、流通和消费中。

绿色食品需求形成的原因，从消费者角度看，主要是消费者的安全意识、健康意识、环保意识和时尚意识等的觉醒和增强。

食品安全的逐步被重视，却没有得到真正的解决。绿色食品被提出，也没有做到全面实施。在绝大多消费者心理，渴望能买到绿色食品，只是苦于没有百分之百有保障的途径。

微地的出现打消了消费者的顾虑，也再次强化了绿色的理念。它是基于生态道德观和社会责任感而产生的，包含了消费者的多种消费预期；这种需求是经济发展和社会进步的一种体现，经济越发达的国家这种需求越旺盛，增长越快，它要求将先进技术综合运用于产品和服务的生产、流通和消费中。

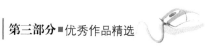

3．功能分析图（图14）

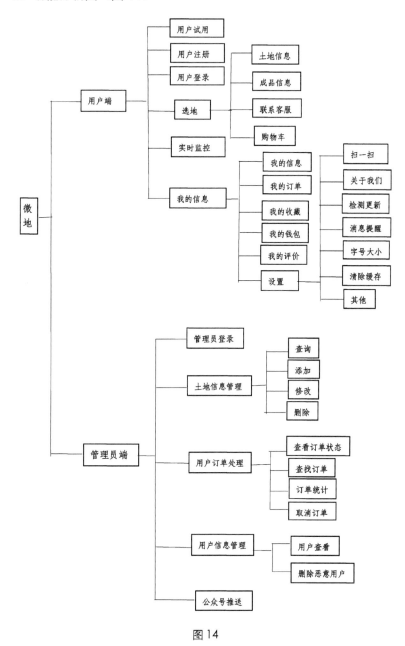

图14

4．管理平台

微地开发者管理当下热门的云平台 Bmob。Bmob 后端云为移动应用程序提供了一整套完整的后端解决方案，目标是消除编写服务器代码以及维护服务器的烦恼，让移动开发像搭积木一样简单。广大中小企业和个人开发者，可以完全免费地使用 Bmob 后端云的基础服务。

微地开发者后台软件的管理分为以下两部分。

（1）用户注册，登录等常规性管理。

用户如果要想使用我们的客户端，必须在这个管理系统中进行注册。每个用户信息包括用户名、密码、电话号码，还有不在图中显示的用户注册时的头像图片等信息。当然，对于农户的注册，我们还有更加严格的审核，保证每个农户都是真实存在并且具有土地，详细的说明请参考我们的软件注册说明。

管理员能登录进入后台管理系统，并有权限管理所有登录账号的管理员全部再此重置，账号、密码信息可以进行修改、删除或添加新账户等操作（图15）。

微地开发者账户管理平台

图15

（2）对农户上传的图片进行审核。

数据的获取有两种途径，数据库或后台管理系统。前一种速度快，但数据库开销随着用户的增长不断加大，从而影响用户的体验质量，而且数据直接"暴露"在软件接口，十分危险。后一种速度可能稍慢，但存在大量用户使用该软件的情况下，有巨大的优势和潜力。首先，后台管系统可建立在一台单独的服务器上，具有强大的多用户处理能力。后台管理系统最主要的管理数据库的功能能保证数据的及时地"流动" 高效地"运转"。对于冗余的、过时的、无用的垃圾数据，我们可以删除修改信息并对一些有价值的重点信息，我们可以挖掘出来，分类处理，为用户提供更周到细致的服务（图16、图17）。

保证强大、高效、稳定的后台管理系统是前台客户端正常工作的基石。

微地农家上传图片界面

图16

图17

5. 推广方案

（1）微地线上推广方案

推广方法一：社交平台推广（微营销）

建立微地 APP 微信公众号，网推人员定期对公众号内容进行更新，建立有效的捆绑用户方法，也可以进行二次营销。社交平台是用户拥有极大参与空间的媒体类型，指方便用户分享、评价、讨论、沟通的互联网工具和平台，比如德清县本地门户论坛、QQ、新浪微博、腾讯微博、微信等渠道，专人负责对以上渠道进行推广覆盖关于微地 APP 的信息（分享心灵鸡汤及励志等文章，附带 APP 公众号及二维码信息），本地门户论坛注册会员，开贴进行网络宣传及互动。寻找并加入当地各类 QQ 群，与群员互动后，旁敲侧击地在群里发布推广信息；可以通过微博进行内容营销，这样可以近距离与海量的用户进行沟通，所以微博影响力还是不容小视。在做微博的时候，要注意留心那些微博上的意见领袖、话题制造者、评测网站之类的账号，尽量和他们取得联系。充分利用这个平台和用户产生互动增加用户粘性，让微地 APP 更受欢迎。

推广方法二：应用推荐网站应用商店

应用市场又称为应用商店，指专门为移动设备手机，平板电脑等应用下载服务的电子应用商店。网批网公司线上推广部主要是上传应用平台，在国内电子市场中，主要由硬件开发商（APPStore，Ovi），软件开发商（Android Market，Windows Mobile Marketplace），网络运营商（移动 MM，天翼空间，沃商店），独立商店（安卓市场，OpenFeint），以及一些 B2C 应用平台（Amazon AndroidAPP Store）等，其中，硬件开发商商店：联想应用商店、智汇于（华为）；网络运营商：移动 MM、电信天翼空间、联通沃商店；独立商店：安卓市场、安智市场、机锋市场、爱米软件商店、优亿市场、掌上应用汇、开启商店、N 多市场、安卓星空、安丰下载、3G 门户、力趣安卓市场等。全面覆盖建立符合用户习惯的下载渠道，方便用户通过各种渠道进行下载使用。

推广方法三：APP 论坛置顶

论坛是用户分享信息的集散地，每天都有许多信息通过论坛进行发布，吸引用户的眼球，但是单篇论坛帖子如果不维护的话，很快就会沉底，因此，发布论坛帖子并安排网推专员进行维护置顶是很有必要的。Android 论坛主要是机锋、安卓、安智、木蚂蚁等。

推广方法四：搜索引擎推广

搜索引擎是互联网用户获取信息的主要渠道，一般用户在搜索后，习惯按排名顺序进行浏览，因此，保证微地 APP 应用相关关键词能够排名靠前是非常关键的。搜索引擎的结果是多样化的特点，包含网站、百科、知道、文库、新闻、视频等信息。

推广方法五：搜索百科

搜索百科作为搜索引擎自由产品，具备很高的网站权重和公信力，将微地 APP 应用在搜索结果中排名靠前 10 名，百度百科、搜搜百科、互动百科，是推广 APP 的三个主要载体，编辑利于微地 APP 应用推广的词条并通过审核，便于用户通过关键词搜到相关微地 APP 应用，了解更多详情。

推广方法六：百度文库

给用户一个下载微地 APP 的理由，通过文案设计并发布文库，上传一些微地 APP 应用的产品介绍、使用评测、详细攻略等，可以获得良好的口碑传播，更加方便用户了解和使用微地 APP 应用。选择主流平台百度文库、豆丁等进行上传。

推广方法七：网络新闻事件

网络新闻事件作为公众舆论的一个风向标，根据搜索关键词，定期发布利于微地 APP 应用的网络新闻，制造一些新闻，从而能够很好地提升微地 APP 应用的曝光率，通过新浪科技、腾讯科技、Donews 等这样的平台发布软文，提高用户口碑增加宣传力度

（2）微地线下推广方案

推广方法一：公交出租车及灯箱广告

根据公交的主路线图，在线路人流大的车体上印制下载微地 APP 有好礼的广告并附带下载二维码，有选择性的对部分出租车内部投入少量广告，使用户能够第一时间响应广告宣传，无操作障碍，有效提高广告转换率，推广 APP 等有很好的效果。对商业街区、客运站、大型农贸市场及部分公交站可以适量投放灯箱广告贴近受众用户群体，广告设计的细节要符合用户的习惯，明确下载既有好礼相送（如，下载 APP 送金币，金币可兑换商城产品等）。用户每天都能看到微地 APP 广告，潜移默化中形成了品牌效应。

通过客运站及出租车公司或通过网络查询了解清楚各个公交线路，找到当地合作过的广告公司及商家能了解当地公交车体广告的合作方式价格等信息。同时找到灯箱广告位承包单位，了解价值高，人流大的灯箱广告价格。

推广方法二：电视及广播媒体广告

电视媒体广告早已融入大众的生活，可以与广播电视站合作，根据电视频道的观看率进行广告植入，用户对自己喜爱的频道有很好地信任感。广播电台

是人们日常生活的新闻导向，架起电台与用户之间的互动桥梁，能够通过活动的形式宣传微地。

通过网络及论坛了解当地用户习惯性的观看频道及收听的广播电台，寻找当地广播电视站了解合作条件方式或者先通过电话来进行咨询。

推广方法三：报纸横幅及单页广告

报纸覆盖特定群体，便于分辨用户类型，选择各类报纸的客户类型（如：企业、商家店铺、村民等）进行精准广告投放，投放内容可与微地 APP 同步。

投入横幅广告，宣传微地 APP 带给农户的价值，如微地的概念及下载使用微地 APP，凭下载免费推送一次农户的土地详情。

DM 单页针对用户群体有效控制投放点，收集高质量用户。制作足够的宣传单页，单页内容设计的吸人眼球，根据不同地点来确定合适时间，穿上带有微地 APP 二维码的服装在人流密集点（超市、地铁口、商场门口）和时间点（17点至 19 点）来宣传散发。去公园等老人晨练或是闲聊的场所，向他们介绍微地。

首先精准定位当地用户对哪类报刊感兴趣或者订阅量较高的，对客户定位定好之后可以在报刊内植入微地的广告，需要寻找报社负责广告位的人员进行洽谈；接下来横幅悬挂之前会提前对每个地方进行提前考察一遍，选择人流进出密集处；DM 单页的散发需要大量的人力，提前服装上佩戴微地 APP 下载二维码图案，方便现场直接扫描

推广方法四：二维码

在宣传单页、广告等地方植入二维码，甚至给消费者递送成熟的蔬菜时的袋子和纸箱上，也印刷上微地的二维码。扫二维码即可方便快捷获取下载微地的链接。

设计概要

1. 系统模型与结构图

略

2. 作品详情

安装成功，打开之后呈现的是图 18～图 20 的引导页面：

图18

图19

图20

　　该页面有三个按钮,注册、登录、试用(暂不注册,马上使用),注册和登录可以实现注册和登录功能,试用按钮可以针对暂时不想注册的用户实现试用一下该软件,借此能够扩大 APP 的受众(图21~图23)。

图21

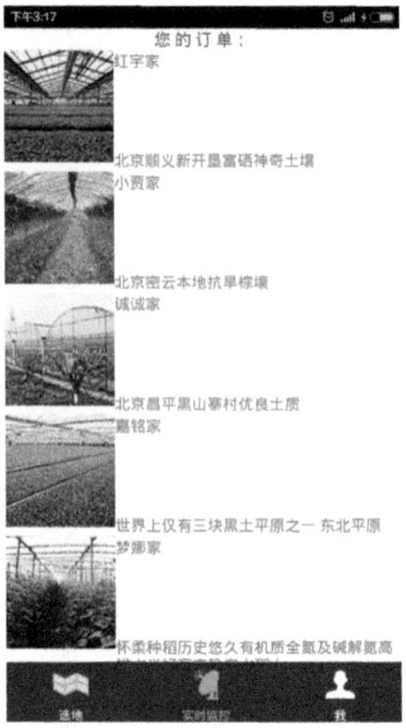

图22

图23

　　然后点击"选地"界面进入其中的一个详情界面，就会出现以下界面，详细介绍商品的详情（图24～图26）。

图 24　　　　　　　　　　　　图 25

图 26

　　这样就完成了用户从选择自己想要的土地，然后选择自己想要的商品，接着选择加入购物车或者直接购买，然后选择支付方式，可以支持微信支付和支付宝支付两种方式，输入密码之后，生成订单号。用户就可以查看自己的物流了。

　　接下来介绍个人设置页面，图 27 为设置主界面，图 28 为"我的账户"界面。

图 27

图 28

这几个界面操作简单，就不一一陈述。

接下来是设置界面的内容，点击修改用户名，出现以下界面（图 29～图 31）

图 29

图 30

图 31

账户的注册与登录（图 32、图 33）。

图 32　　　　　　　　　　　图 33

3. 技术难点

APP 端优化，这是一个没止境的话题，网络、图片、动画、内存、电量等。

随着优化的加深，会发现不能局限在客户端，服务端也需要深入。

界面设计，对于智能手机或者平板电脑的程序，难点在于如何设计出符合用户习惯的界面，同时让设计的界面适用于不同的机型。

安卓系统一直在更新换代，而且并不能完全做到向后兼容，所以有一个重要问题是，如何适应不同版本的 OS。

最最重要的一条就是，用户的需求不停地在变。只有对用户有足够的理解，理解用户的使用习惯，才能设计出让用户喜爱的产品；抓住用户的痛点，才能够让用户为之买单。

尤其涉及交易的 APP，安全是最重要的，如何保证用户的支付宝及其他支付手段的安全，这对于 APP 的设计是至关重要。并且不能够泄露用户的个人信息，如果做不到这一点，用户的体验就会很差，用户可能就不愿尝试使用 APP更别说为之付费。

UI 设计

1. 设计理念

微地页面布局参考电商类 APP 业界标准，在设计出功能结构后，从以下几个角度出发设计。

（1）应用布局

颜色选择：微地 APP 主色调选择为墨绿色与翡翠绿之间的绿色（颜色代码为#0da17f），是为了更好的贴近我们蔬果土地交易的主题。

页面设计：在参考了市场上较为流行的 APP 后，结合我们重视绿色食品、虚拟"土地交易"、拥有 24 小时的土地监控权三大特色，微地三个主界面分别设计为"选地"、"实时"、"我"。

① "选地"：作为 APP 的主界面，页面内容有亮点土地广告展示，附近农民土地展示。

② "实时"：实时主推用户可以 7*24 小时无间断查看、监视土地，以横向一栏为已购买土地信息，打开后可以查看视频。

③ "我"：APP 附加功能以及用户个人信息的完善。

（2）扁平化风格

现在市场上主流 APP 越来越多的选择扁平化风格，我们的 UI 设计风格也定义为扁平化风格，其核心是去掉冗余的装饰效果，即去掉多余的透视，纹理，渐变等能做出 3D 效果的元素。让"信息"本身重新作为核心被凸显出来。并且在设计元素上强调抽象、极简、符号化。扁平化应用在微地上，体现为更少的按钮和选项使得界面干净整齐，抽象出来的小按钮图片可以使用户很直观的查看所有界面，做到一眼"尽收眼底"。

简化的交互设计要求我们尽量简化设计方案，避免不必要的元素出现在用户面前。三个欢迎页与引导页设计上美观大方，简单的颜色和字体与直接明了的图案，能最直观的能体现出 APP 的三个特点。

2. 页面实现（图 34～图 39）

图 34

图 35

图 36

图 37

图 38   图 39

作品4　找工作助手

获得奖项　本科组一等奖

所在学校　北京联合大学

团队名称　星光团队

团队人员及分工

　　　　　　岑福燕：队长，主要负责程序的架构设计、功能实现，以及文档的撰写。

　　　　　　裴盛琰：主要负责 UI 设计、切图制作、产品主视觉制作。

指导教师　刘　畅

作品概述

　　毕业即要就业，每年都有成千上万的毕业生面临着就业问题，也有人说：毕业＝失业。每天，都有无数的人们为了生活而奔波忙碌，每天都有无数的人失业，无数的人在找寻生活的依靠。我们往往为了找到一份可以赖以生存的工作而疲于奔命却常常奔波无果。

　　互联网时代给我们带来了很大的便利，大大减少了我们在外四处寻找的劳累，也给了我们更多的工作机会和工作信息。然而，招聘网站层出不穷，招聘信息漫天飞，怎么选择？如何应用得当？

　　"找工作助手"汇集了前程无忧、智联招聘、猎聘网、58 同城、赶集网、拉勾网等数十家知名招聘网站的招聘信息，找工作，投简历，轻松搞定。不用再考虑去哪个网站，也不用一个一个的去下载 APP，找工作助手帮你轻松筛选对比信息。

作品简介

　　找工作助手是一款基于 Windows Phone 8.0 平台的手机移动互联网应用。汇集了前程无忧、智联招聘、猎聘网、58 同城、赶集网、拉勾网等数十家知名招聘网站的招聘信息。用户通过本应用可以在手机端搜索并浏览数十家网站招聘信息，写简历、修改个人信息、求职、投递简历等。本应用适用于 Windows Phone 8.0 及以上版本。

本应用利用 Windows Phone 移动通信功能，通过网络获取网页信息并将信息最终呈现在手机端。应用的布局依据系统的风格，使用了枢轴视图布局将不同网站的信息用 WebBrowser 控件进行展示。应用可以实现一键搜索，可同时在多个网站内进行相关信息检索。应用为了保护用户个人信息还设计了人脸识别安全认证登录使用功能。用户可以设置安全锁定，通过人脸识别解锁应用安全浏览信息，使用户的账户信息以及浏览痕迹获得安全保障。

作品可行性分析和目标群体

1. 可行性分析

（1）应用前景

当前招聘网站层出不穷，几大主流网站的发展在该领域也是如火如荼。这些招聘类网站的发展以及其发展前景不言而喻。随着互联网的日益发展，互联网应用的发展趋势将势不可挡，而网络招聘也将成为一种新的趋势。如今的网络大多仅用于招聘信息的发布，只是招聘与面试之间的一个媒介，但仅仅如此，也为日常生活中增添了很多便利，不论是求职者还是招聘者都从中获益。

而今招聘网站种类繁多，虽然日渐趋近于稳定的平台及其影响力已经成为了人们选择某一平台的理由。但是招聘平台之多仍不易让我们做出适当的选择。而找工作助手正是由此出发，希望能够从所有招聘网站和平台中获取所有对用户有益的信息，让用户可以便捷的浏览信息，不必逐个平台筛选信息。也不必安装所有平台的应用而轻松获得所有招聘资讯。

找工作助手立志成为一个信息资源丰富，检索便捷的移动客户端招聘类搜索引擎，能够更好地为用户提供便利，相信本应用的应用前景不可限量。

（2）可行性

基于现有的网页信息源，现有的移动应用开发技术，可以实现在移动端进行网页内容的搜索和解析并在移动端进行呈现。本次应用基于 Windows Phone 8.0 进行开发，可利用移动网络便捷获取各个网页的信息资源，并将其按照所需呈现在移动端。

本应用的开发硬件仅需 Windows Phone 8.0 开发环境的计算机和 Windows Phone 8.0 手机，经济上可行。技术上需要熟悉 Windows Phone 基本控件的应用、Windows Phone 系统的开发技术以及 HTML 网页的基础和 HTML 解析技术。技术上都是可以实现的，所以技术上也是可行的。

综上所述，本应用的开发可行。

2．目标群体

本应用针对的群体是所有求职者以及所有招聘公司及单位。无论是在校学生或是应届毕业生还是任何其他求职者都可以通过本应用找到自己理想的全职或者兼职工作。而招聘方也可以通过本应用进行招聘信息的发布，通过本应用可以在数十家主流招聘网站上发布自己的招聘信息。

作品功能和原型设计

1．基本配置

实现平台：Windows Phone 8.0。

系统版本：Windows Phone 8.0 及以上版本。

硬件配置：Windows Phone 8.0 及以上版本手机。

屏幕分辨率：适用于所有搭载有 Microsoft 公司的 Windows Phone 8 版本及以上操作系统的移动终端。

开发环境：Visual Studio 2012。

2．基本功能

功能名称	功能描述
主要功能	将所有信息源信息进行展示以供用户浏览。本应用将前程无忧、智联招聘、58 同城、赶集网、拉勾网、看准网、乔布简历、中国人才、中华英才、猎聘网、青年创业、卓博人才、百姓网、好 123 招聘一干网站的信息逐一加以整理并展示于移动应用终端便于用户浏览、求职
一键搜索	应用的一键搜索功能可以让用户同时在多个招聘网站内进行相关信息的检索。
基本功能	用户可于移动应用终端对招聘网站内信息进职位搜索，在指定区域范围进行职位检索，可进行条件筛选。与此同时亦可进行简历修改投递，查看简历投递情况等
热门行业	该页面主要向用户展示最新热门行业信息以及相关的最新招聘信息
找工作助手	应用整理了一些求职攻略，对一些求职经验、面试须知、简历的填写要求等求职攻略进行呈现，以便于用户利用简短的时间补充准备好面试
安全锁定	本应用设置了应用锁定功能，对应用进行安全锁定，对用户的信息安全以及账户的安全进行加固。该功能应用了 Windows Phone 的人脸识别 SDK 对图片进行检测以进行使用前验证，使用户的浏览痕迹不容易被人知晓，账号信息不被人随意修改

续表

功能名称	功能描述
用户反馈	应用设置了反馈机制，用户可以通过邮件及时将意见反馈到开发者邮箱，便于开发者及时了解应用的使用情况并对出现的问题进行解决
评分机制	用户可以在应用内直接导航到应用商店对应用进行评分
更多应用	更多应用功能可以让用户在应用商店中查看开发者所开发的应用

3. 原型设计

（1）主页面原型设计

主页面的功能负责各个页面之间的导航（图1）。该页面使用了 Pivot 控件进行枢轴视图设计。Pivot 控件提供了一种快捷的方式来管理应用中的视图或页面，通过一种类似于标签的方式来将视图进行分类，这样就可以在一个界面上通过切换标签来浏览多个数据集，或者切换应用视图。枢轴视图控件水平放置独立的视图，同时处理左侧和右侧的导航，可以通过滑动或者平移手势来切换枢轴控件中的视图。这种视图布局是 Windows Phone 手机上很常见的一种布局方式，深受开发者和用户的喜爱。

图1

在页面的底部添加了可移动的一键搜索功能按钮，点击按钮可导航到一键搜索页面。在 Pivot 控件中设置了 6 个 PivotItem 子控件来分别显示用来导航的主页面以及前程无忧、智联招聘、58 同城、赶集网、乔布简历的网页信息的展示。除去主页面的导航作用的 PivotItem，其他 5 个均内嵌了 Webbrowser 控件用来加载各个网站的信息。用户可以左右滑动或者在主页面点击相关按钮定位到相应位置以浏览详细内容。

所有加载到 Webbrowser 控件中的网页内容均可进行相应操作，可上下滑动鼠标，浏览因为屏幕大小限制而隐藏的内容。用户可以在此进行账号登录、个人信息资料修改、填写简历、修改简历、投递简历、职位检索、收藏职位、申请职位等操作。

（2）一键搜索页面（图2）

该页面的功能是实现同时在多个招聘网站内搜索相关信息。左上角的ListPicker 控件是一个列表选择控件，该控件的列表模板绑定了 28 个主要城市地区以供用户选择。中间的 PhoneTextBox 是一个输入控件，点击该控件可启用输入键盘并输入搜索信息。最右的向右箭头是普通的 Button 控件，点击时可触发 Click 事件并将 ListPicker 和 PhoneTextBox 的信息传入后台，调用搜索方法对信息进行检索，检索完毕会将结果返回到页面上。

该页面的底层是 Pivot 控件，搜索的结果将分别在 PivotItem 上用 WebBrowser 控件进行呈现，左右滑动即可浏览所有结果。

（3）找工作助手页面（图3）

该页面所呈现的内容为重新编辑过的 HTML 文本内容，信息来源于智联招聘网站。如图是将原网页信息进行重新编辑的 HTML 文本加载到手机本地存储里的内容。虽然是从本地加载，但是在网络通畅的状态下可以及时更新内容。

图2　一键搜索　　　　　　　　图3　找工作助手

（4）安全锁定页面（图4、图5）

安全锁定功能是本应用为了保护用户信息安全而设计的，该功能采用了不同于传统密码的人脸识别技术来加密应用，只有正确的人脸才能解开应用。用户的浏览痕迹不会被其他使用手机的人看到，用户在应用中保存的登录信息也不会被他人修改或滥用。

图 4   图 5

该功能使用的主要技术是人脸识别，用户通过选定图片或拍照获取人脸数据并存储在应用的本地存储中，当用户退出应用重新使用应用时，系统将要求用户先进行安全验证方可使用。该功能应用的主要技术是人脸识别，使用的是微软的 SDK 进行人脸检测。用户进入该功能页面，如果用户选择启用该功能，则启动照片选择器让用户选择密码图片，应用获取到密码图片以后自动进行人脸检测，检测成功则成功开启锁定功能。当然用户也可以选择不启用该功能或者取消该功能。不启用该功能可以不做任何操作或点击相应按钮。取消已经加密的应用需要用户先进行验证方可取消，更换图片密码也需要用户先进行验证。

（5）热门行业页面（图 6）

该页面的主要功能是搜索 20 个热门行业的相关招聘信息。该页面主要用的控件是 TextBlock 控件，点击相应的行业会触发 Tap 事件，后台将会把关键字通过页面传值将其搜索结果传到一个新的页面并在该页面进行呈现。右上角同样有 ListPicker 可以选择搜索地区。

4．UI 设计

应用的 UI 风格结合 Windows Phone 系统的风格，与创意配色完美融合，于稳重中突显视觉冲击感。黑与蓝的搭配，寓意成熟与希望，配合雨景所蕴含的生机，为求职者营造光明、乐观的心态，这样的 UI 设计与我们的产品主题十分相符，也是应用的一大特色。

图6　热门行业

（1）应用图标设计Logo（正面）图7，Logo（背面）图8。

图7　　　　　　　　　　　　　　图8

　　本次应用Logo的设计围绕求职主题，以书法的"耳"字，放大镜符号为设计元素组成了一个"职"。寓意我们的产品可助用户耳听六路，眼观八方，纵观职场。本次设计的正反两个图标可以在用户固定到主屏幕时自动翻转，使图标动态化。因此，除了寓意丰富，言简意赅，图标的外观设计灵动，鲜活且不落俗套，定能令用户眼前一亮。

　　（2）主页面。

　　应用的总体设计方案是以雨景为主题，为雨后新生之意，预示着生机和希望，给人以清新亮丽之感。略显沉重的暗色背景，更是衬托了前景的蓝色主调，更加渲染了主题雨过天晴，乌云之上有晴空的美好。

前景按照页面按钮的布局格式将雨景用网格分割，形成了主页面按钮的背景。看似被割裂的雨景图，却不失协调之感，给人以更多的美好，形成强烈的画面感（图 9）。

主页面的底部设置了可以隐藏的功能菜单，不需要时可以隐藏，需要时可以展开。该菜单是一个 ApplicationBar 控件，内置了 Windows Phone 系统风格的图标进行展示其功能。该菜单功能虽多，但是其设计简洁，在不影响其界面风格的情况下完成了多个导航功能（图 10）。

底部还自定义了一个可移动的一键搜索功能按钮，用户可根据需要按住按钮进行位置的调整。

图 9　主页面

图 10　主页面（功能菜单）

（3）锁定功能页面。

锁定功能页面的风格依照雨景的主题，其主色调也是蓝黑雨景。默认头像是由不同的圆或完整或半圆组成，简洁却鲜明的变现了一个人形，同时也暗示了职场的为人处世之道。背景的暗色调也是与主题相应相成，右上角小小的锁的图标用简明的色彩灵活呈现了应用的安全状态，给用户以提醒，这也是设计的巧妙之处。蓝黑色圆弧按钮的设计也是灵活之处，普通的按钮一般非圆即方，没有特色，而此处的设计即结合了两者的特性，是按钮的边缘变得柔和，让人感觉更为舒适。配合了默认头像的圆形设计使界面的整体感更强（图 11～图 15）。

验证开锁图片

不启用图片锁

图 11   图 12   图 13

选择开锁图片

更换开锁图片

图 14   图 15

图 16 与图 17 为效果图，图上的底部设计了一段文字提示，在文字底部还有隐藏的 ApplicationBar 菜单，点开菜单，用户可以进行取消锁定操作。该处的设计也简洁方便。

图 16

图 17

（4）帮助页面。

帮助页面的背景也是主题色，简洁的呈现了一些文字帮助信息，以及用户反馈方式，从应用商店获取更多应用的信息。这样的设计也是为了符合主题（图 18）。

（5）智联招聘页面。

该页面经过重新布局，完全靠手机端控件进行布局设计的。该页面所用图标是引用智联招聘的图标，背景虽然是简单的白色，但是搭配了图标再加上其良好的布局，虽然配色简单，所呈现的效果却也是落落大方的（图 19）。

图 18

图 19

（6）热门行业页面。

该页面虽然黑白灰三色略显单调，但是其简洁有序，既符合应用的主色调设又符合应用不追求色彩繁乱只求简单便捷的主题（图 20）。

（7）一键搜索页面。

一键搜索页面的设计，也是以主题色为背景，黑白灰的简单色调以及简单却不失风格的布局（图 21）。

图 20

图 21

作品的实现难点和特色

1. 实现难点

（1）总体的布局和架构设计，内容繁多，需要合理美观的布局。

（2）重新编辑 HTML 文本，对内容重新布局的不易。由于所呈现招聘信息网站有 14 个之多，每个网站的布局风格迥异，并且内容繁多，要重新整理布局并很好地在手机端呈现，工作量之多可想而知。

（3）浏览器难以兼容 JavaScript 的问题。因为 Windows phone 手机系统默认的 IE 浏览器存在不支持 JavaScript 的问题，所以个别网站的信息难以很好的呈现效果。甚至导致出现部分功能点击无效，无法使用的问题。目前已经针对该网站布局进行重新的设计，以不同于本地加载 HTML 文本的方式，对网站的相关功能在手机端进行重新设计布局。已经很好的解决了该问题。

（4）一键搜索功能的实现。本应用的一键搜索功能不通过服务器而仅在手机端就实现了一个微型搜索引擎的功能，虽然目前尚不能进行全网搜索，但是已经能同时在多个招聘网站进行相关信息的搜索。该功能的实现是通过调用各个招聘网站自身的搜索服务，让其自行检索，然后将其检索的结果返回到手机端进行展示来完成的。由于各个网站的搜索事件方法的不同，对其的调用也存在一定的难度。并且检索返回的结果较多，对于其结果的展示布局也是很重要也很不容易布局的一部分。目前对于结果的展示布局，使用了 Pivot 控件，进行分页展示，左右滑动来展示不同网站内搜索结果。

（5）内嵌控件属性相斥问题。应用首页以及一键搜索功能也没的枢轴控件 Pivot 与嵌套其中的 WebBrowser 控件都具有左右滑动的属性,因为其嵌套关系，产生了互斥。目前采取的方案是监测 Flick 事件，滑动的时候触发 Flick 事件，在事件内部进行判断滑动方向与坐标轴形成的角度，由此判断用户的操作，从而解决互斥问题。

（6）采用 ASM 模型进行人脸检测以提高人脸检测的精度。

（7）在人脸检测的速度问题上，采用了最快的检测算法，Haar 算法进行检测。

（8）锁定功能的逻辑。

（9）使用状态的判断。

（10）身份的验证方式唯一，安全锁定启用后只能用正确的密码图片进行解锁使用，应用内保存的浏览痕迹以及保存的账户登录信息等他人都不可见更不可随意修改。

2．作品特色

（1）创意新颖，别出心裁。

（2）一键搜索功能。

（3）信息资源丰富，多样化的呈现设计。

（4）使用便捷，操作简单，符合系统用户操作习惯。

（5）良好的布局，虽然内容繁多但是合理的布局使之不觉繁琐。

（6）独有的应用信息安全锁定功能。

作品5　舞动的算法

获得奖项　本科组一等奖
所在学校　北京林业大学
团队名称　cocos 小队318
团队人员及分工

　　王仁生：负责线性表、栈和队列、字符串的相关算法及游戏的制作。

　　闫艺鑫：负责图的相关算法制作、交互性的实现及后期整合等。

　　陈忠富：负责排序的相关算法制作。

　　易　中：负责查找的相关算法制作。

　　冯　宁：负责树和二叉树的相关算法制作及文档撰写。

指导教师　李冬梅

作品概述

　　数据结构是计算机科学课程体系中的核心课程，但其中诸多的复杂算法让很多学生感到枯燥、晦涩、难懂，学生在学习时无法将算法的思想和算法的代码描述、算法的执行过程对应起来，从而学习的积极性不高。因此，开发一个算法动态演示系统是非常必要的。以往的演示系统多数是借助 Flash 开发的，功能较为简单，无法满足跨平台的需求。我们的作品"舞动的算法"是基于cocos2d-x，利用 C++进行开发的，是一款跨平台的针对数据结构算法独一无二的应用。该作品可用于课堂教学，教师在课堂上将抽象复杂的算法生动形象地展示给学生，提高教学效果；也可供学生课后使用，通过该课件对算法进行自学或者复习，加深对算法的理解和学习，提高学习效率。该作品包含了数据结构课程大部分重要的经典算法，与教科书《数据结构》（严蔚敏，李冬梅，吴伟民，人民邮电出版社）中自第 2 章至第 8 章中的算法相对应，总计包括线性表、栈和队列、字符串、树和二叉树、图、查找、排序 7 个部分。

作品可行性分析和目标群体

1. 可行性分析

目前，学习算法主要源于课堂，但教学方式大多采用老师讲学生听的模式，学生面对的仅仅是白纸黑字，一行行的代码，而上机演示时，面对的同样是单纯的代码。这样的教学方式有几个缺点，如：代码繁多，复杂难懂，视觉效果差，导致了学习算法非常枯燥乏味。

随着可视化技术的发展，专家们致力于研制具有良好的交互性，集图、文、音频、视频于一体的可视化教学系统，并应用于开发数据结构与算法学习系统。目前，大多数算法演示系统的思想都源自 M.Brown 等提出的 BALSA 系统，该系统首次提出感兴趣事件的概念，用于标识算法状态改变的关键点，只有对这种关键点进行可视化才更有意义。此后，越来越多的算法演示系统陆续开发出来，如 POLKA、ALADDIN、GAIGS 等。但以往的演示系统多数是借助 Flash 开发的，功能较为简单，无法满足跨平台的需求。

我们的舞动的算法是基于 cocos2d-x，利用 C++ 进行开发的，是一款跨平台的针对数据结构算法独一无二的应用。其良好的跨平台性满足可以在 Android、IOS、PC 端等平台运行，可用于课堂教学也可供学生课后自学或者复习，适用范围更广。

2. 目标群体

在互联网发达的现在，计算机专业无疑是一个热门专业，那么对于初学者而言数据结构的算法理解无疑是学习过程中的重点和难点，舞动的算法将算法的代码描述和执行过程对应起来，实现算法过程的可视化，加深学习者对算法的理解，提高学习效率。

舞动的算法更是具有良好的跨平台性，可在 Android、IOS、PC 端等平台运行，适用于不同的使用者，为计算机专业学生及程序爱好者提供了良好的学习环境。

作品功能和原型设计

1. 功能概述

功能名称	功能描述
算法动态演示系统	完成整个系统的核心功能，将算法步骤、算法代码、数据的逻辑结构以及变量的变化情况以动态画面直观、灵活地展现出来；用户可以对算法的输入数据进行修改，对算法执行的方式进行控制；作品还附带一些与算法有关的小游戏；具有良好的跨平台性，满足用户不同平台下学习算法的需求
PC 客户端	用户通过在计算机上双击.exe 文件即可运行，运行在计算机上
手机客户端	用户通过手机客户端安装.apk 文件即可运行，运行在用户手机上

2. 原型设计

实现平台：cocos2d-x。

屏幕分辨率：根据终端分辨率自适应。

终端型号：适用于 Android、IOS、PC 端等平台。

图 1 为目录界面。

图1

作品实现、特色和难点

1. 作品实现及难点

（1）换页保存之前页面状态。每个算法都包含代码页及动画页，用户在使用过程中经常要切换页面，为了保存之前页面的状态采用堆栈式切换页面的方法。

（2）暂停后重新启动。用户在动画播放过程中经常需要用到暂停功能，为了在暂停后能够记录之前的状态继续运行，在暂停时将所有的动作都分别终结，再按播放或下一步都能重新启动该动画。

2．特色分析

（1）跨平台性。创新性地实现了跨平台的算法动态演示系统，满足用户不同平台下学习算法的需求。

（2）多重可视化。创新性地将算法步骤、算法代码、数据的逻辑结构以及变量的变化情况以动态画面直观、灵活地展现出来，从数据的可视化和算法过程的可视化两个角度实现了算法的动态演示，力求生动、形象，将算法执行的动态过程表现得淋漓尽致。

（3）操作方式灵活。用户可以对算法的输入数据进行修改，对算法执行的方式进行控制。

（4）寓教于乐。作品附带一些与算法有关的小游戏，让学生在游戏过程中深刻体会理解算法的思想和执行过程。增加学习的趣味性，提高学生的学习兴趣。

作品6　墨痕

获得奖项　本科组一等奖

所在学校　北京信息科技大学

团队名称　Fantasy

团队人员及分工

康文文：页面设计

林圣威：页面设计

张叶朋：编程及图标设计

夏晓蕾：编程及文书

袁　博：程序调试

指导教师　王亚飞

作品概述

近年来，学习中国传统文化已经成为了全国甚至全世界的共同风潮，孔子学院越来越多的建立在各个不同国家和不同肤色的地方之上，不同国家的人们开始学习汉语，了解中国文化，了解中国的交流语言——汉语。

然而，曾经古代耳熟能详的必备用品，现在却因为各种原因渐渐消逝在我们的生活中，我们在惋惜的同时也希望国家在保护非物质文化遗产，推行中国传统文化走进我们的生活的同时，用我们自己的力量推行中国传统文化的传播。

而随着社会上日益浓厚的文化氛围，越来越多的人愿意选择学习一些知识或技能用于装点门面。其中，书法由于入门较为简单，便于自学而被很多人所青睐。

根据网上的调查，大多数的人的确都曾有过练字的想法，但往往无疾而终。总结原因大致有三点。①没有空闲时间，②没有计划，③书法用具准备麻烦。

为此我们决定设计这款专为爱好书法，对书法感兴趣的用户打造的APP——墨痕。

墨痕是一款书法学习软件，根据难易程度，可设置入门、基础、大师三种不同的学习计划，循序渐进。 同时三种不同等级的区分，可让用户轻松自由地选择自己想要的书法学习阶段。同时，作为一款 Android APP 可以在任何

Android 环境下运行，保证了墨痕的可移动性，让用户可以随时随地地练习书法，不受时间的约束，也解决了在地点限制下准备书法用具的麻烦。进一步降低了练习书法的"门槛"，让不管是初学者还是资深学者都有所收获。

与此同时，墨痕在照顾到无基础的书法入门者的同时开设了大师级，及名家鉴赏等级，让用户可以根据自己的需求，选择自己的想要临摹的作品，让那些已经具有一定书法基础的用户能够在鉴赏的同时收获学习书法的快乐。与此同时，也省去了寻找名家作品的时间。这一特点，将会被许多书法爱好者所喜爱。

作品可行性分析和目标群体

1. 可行性分析

应用商店已有类似的书法软件，例如，书法字典，活字帖，书法大师等。但是他们都有其缺陷，书法字典和书法册子一类字体种类虽全，但是却没有在手机上练习的选项，更无法显示单字。而活字帖动画练习虽好，却只有兰亭集序这一种选择方式，无法让用户自己选择自己想练习的字和字体。而书法大师虽然可以选择自己想练习的字体，却缺乏田字格米字格的辅助，且笔法粗细相同，无法通过自己的手指改变，使字的每一笔的粗细都相同，缺乏书法独有的特色。

与此同时，市面上的书法练习软件都只有一种等级，即不论用户是书法初学者、具有一定基础者或小有所成者都在进行相同的练习，这就导致了用户的感官体验较差。然而，很多英语学习软件却具有这一特点，从这一点上讲，分级技术已经成熟，只是暂时没有人将这一技术用于书法练习 APP 之中。

目前，还没有兼具单字、分级、兼具多种字体以及在通过用户书写力度和手法调节笔墨粗细同时具备的书法软件，只有满足单个需求的软件。例如书法碑帖大全可以选择不同名人的字帖，却无法让用户在手机上进行练习，翰墨兰亭可以练习，却无法对书法基础的横竖撇捺进行对应练习。

2. 目标群体

近年来，学习中国传统文化已经成为全国甚至全世界的共同风潮，而随着汉语在世界各地的传播和交流盛行。汉字的练习的需求也随之扩大，随时随地练习汉字的需求也成为了许多人的共同需求。因此，墨痕的推出将获得对于中国传统文化的感兴趣的外籍人士的欢迎。

而随着弘扬中国传统文化的需求，曾经的琴棋书画也成了家长们关注的要点。而往往书法的练习需要大量宣纸米格纸，同时在对照字帖时无法一比一的进行临摹，而市面上可以一比一临摹的通常是钢笔字帖，且其只能使用一次，再次使用时，之前的笔法痕迹多有残留，由此经常出现金额上耗费许多而手法上却没有进展的情况出现。因此，墨痕推出后会受到家长们的欢迎。

同时，随着无纸化阅卷的实行，把考生的试卷扫入电脑上进行判卷，个人的字体好坏将更多的影响评卷人的直观感受，因此，写的一手好字便尤为关键。因此，更快捷方便的练习方式和渠道便尤为重要。而墨痕作为手机 APP，可帮助用户抓紧利用时间，带给学生们更好的使用体验。

随着研究生考试和公务员考试的考试要求的影响，大学生为在考试中获得更好的成绩，往往需要写的一手好字，因此，墨痕这种随时随地可以练习的手机 APP 也将受到大学生备考人群的需要。

墨痕并不拘泥于用户的年龄，自带三种难以模式，可让用户根据自己的水平选择，在大师阶段中，APP 更提供了王羲之、颜真卿等大书法家的书法板式，在体验书法乐趣的同时，也弘扬了中华传统文化，让用户更进一步体验到中华文化中书法的博大精深，让那些书法爱好者也能愉快的参与其中，尽可能让更多想提高自己书写水平的用户参与其中。

作品功能和原型设计

1. 功能概述

为了让每个人都能感受到书法的力量，我们利用互联网这个平台来实现这个愿望，我们团队齐心做了这个 APP，一来是为了推广书法的魅力，更重要的是让每个人都能感受到中华传承 5000 年来的璀璨文明和中文所特有的魅力。

APP 主要是提供给用户练习书法的功能，同时我们还提供轻松曼妙的音乐，能让用户在快乐的心情中体验书法的乐趣。

APP 的主要内容分为以下三部分。

第一部分是提供给未接触过书法的用户，也就是"基础"部分，在 APP 里，用户能自由选择横竖撇捺或王汉宗楷书等字体进行书写练习。

第二部分是提供给接触过少许书法的用户和已经经过"基础"练习的用户，也就是"入门"级，此阶段中，用户能选择《三字经》或《弟子规》进行练习，丰富了文本内容。

　　第三部分是提供给书法熟练人群，也就是"大师"级，在此阶段中，APP 更提供了王羲之、颜真卿等大书法家的书法板式，在体验书法乐趣的同时，也弘扬了中华传统文化，让用户更进一步体验到中华文化中的书法的博大精深。

功能名称	功能描述
产品基本功能	能根据用户书写水平提供不同的书法体验包括"基础"、"入门"和"大师"三个等级，随着等级提高，书写难易以及书写内容将会大大提高，循序渐进利于用户练习书法，同时，会有音乐让用户在安逸的心情中练习
服务端	控制整个系统的运行，发布公告信息，管理用户的上、下线及通信过程。运行在服务器上
手机客户端	用户通过手机客户端登录进行即时通信、问答操作。运行在用户手机上

2. 原型设计

实现平台：J2ME。

屏幕分辨率：≥320×480。

手机型号：适用于装有 JVM 并且屏幕分辨率≥320×40 的手机。

　　在欢迎界面上（图 1），我们可以看到一支毛笔仿佛是写出了"写出一笔一捺"六个字，凸显出我们是一个书法 APP；其背景是水墨画的莲池，一朵莲花亭亭玉立，古语有云：莲之出淤泥而不染，濯清涟而不妖，中通外直，不蔓不枝，香远益清，亭亭净植。练字所需"静"，而乍然一见莲花就有一种安静闲然之感；毛笔下方有一艘小船，暗指学海无涯苦作舟，以舟载人行于书法之海，抛砖引玉望用户理解书法之美。笔下有"写出一笔一捺"字样，"一笔一划""横竖撇捺"，简单的笔画组成了上万种不同的汉字，足以体现中华文化的博大精深，点击"写出一笔一捺"便可进入"墨痕"，希望用户能在我们的 APP 中，了解书法，练习书法，能通过书法感受到中国传统文化的璀璨美丽。

图1

　　界面右下角分别有"基础"、"入门"、"大师"三种选择（图2）。其背景是一幅水墨山水画，淡淡墨痕勾勒出两岸青山，丝丝缕缕墨汁给人一种山水朦胧静谧之感，寥寥几笔便在江水之上轻轻驶来一叶扁舟，舟中之人悠闲垂钓，近处一丛蒿草映入眼帘，整幅画给人一种安静恬淡的感觉。配合我们专门寻找的背景音乐，以乐声带领用户重回古代盛世，以带给用户全新的练字体验。"墨痕"意在突出这种感觉，练字本身就是修身养性，在这喧嚣城市也有一种淡然之感。

点击"基础"的界面后出现的具体字体页面，如图 3 所示。

图 2

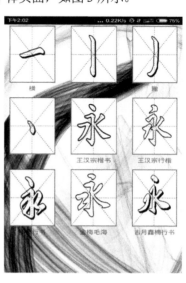

图 3

其背景是利用 Photoshop 做出的墨迹，主要给人一种练字时豪迈洒脱之感，由墨痕形成的长长墨河贯穿这个画面，也表现我们希望用户能在练习书法的过程中，能做到始终如一，能在这个过程中，让用户对我们从先秦开始流传千年的书法有所理解。其上是田字格的 "点"、"横"、"竖"、"撇"等简单笔画，每个笔画田字格下方也会有文字提示。而众所周知，书法练习中有"永字八法"之说，而我们希望能通过让用户练习"永字八法"让用户对书法有所感悟。

点击"横"后出现的界面，如图 4 所示。

首先会出现镂空的"横"笔画田字格，笔画上方也有文字描述。之所以会是镂空字体，是因为我们可以直接在田字格上按照其笔画描画，填字。这样既能练习字的走向，又能使用户真切感受到下笔如有神，书写完后的画面，如图 5 所示。

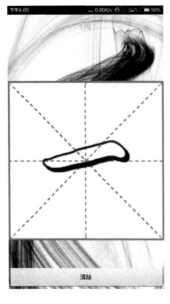

图 4

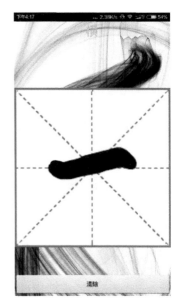

图 5

　　点击"入门"后的界面如图 6 所示。从这个界面我们可以看到其背景中间是墨水从笔尖缓慢滴下的过程，给人一种动态即视感，并且左上和右下有淡迹的"墨痕"两字，正是我们 APP 的名字；其右上和左下分别是"三字经"和"弟子规"。《三字经》自南宋以来，已有 700 多年历史，其内容包括了中国传统的教育、历史、天文、地理、伦理和道德以及一些民间传说，是中华传统文化的瑰宝。而《弟子规》是依据至圣先师孔子的教诲编成的。现在众多小学都开始教育学生学习《弟子规》，学习中国传统文化 。

　　如图 7 所示，如字帖一般列出三字经，让人感到熟悉，手机上也可以如字帖一般写字练字。

　　图 8 是一个有着"人"的田字格，我们可以直接在上面用手练习字体，方便用户操作（写完后效果）。

　　图 9 如字帖一般列出《弟子规》，既方便用户记忆，又可以点击其中的字体进行练习。

　　图 10 为点击《弟子规》中的"弟"进行练字的界面。

　　图 11 为点击"大师"后中所出现的界面。

图6

图7

图8

图9

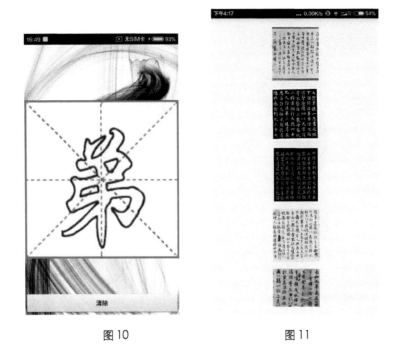

图 10   图 11

其中有从古到今各个书法大家的真迹拓印，让用户临摹的过程中有所收获。

作品实现、难点及特色分析

1．作品实现及难点

（1）笔锋算法实现

此算法需要对于用户对屏幕的压力进行分析，除却手机自带的压力感应器，还需要通过算法对用户书写的力度进行分析从而得出用户的需求并显示在屏幕上。

为了让我们的用户获得更好的用户体验，我们运用了算法和专门用于去锯齿的语句，修饰我们的墨迹，尽可能的模拟这是书写的情况，让用户获得更好的用户体验。

（2）根据用户的需求提供不同的难易等级

除却 APP 提供的入门、基础、大师三种难度。

第一部分是提供给未接触过书法的用户，也就是"基础"部分，在 APP 里，用户能自由选择横竖撇捺或王汉宗楷书等字体进行书写练习。

第二部分是提供给接触过少许书法的用户和已经经过"基础"练习的用户，也就是"入门"，此阶段中，用户能选择三字经或弟子规进行练习，不仅文本内容丰富了。

第三部分是提供给书法熟练且热爱人群，也就是"大师"，在此阶段中，APP 更提供了王羲之、颜真卿等大书法家的书法板式，在体验书法乐趣的同时，也弘扬了中华传统文化，让用户更进一步体验到中华文化中的书法的博大精深。

（3）音乐让练字不再枯燥

众所周知，练字在一开始是一项很枯燥的工作，我们添加了背景音乐，让古色古香的音乐缓解练字带来的枯燥感，带给用户更好的使用体验。

2. 特色分析

墨痕书法练习 APP 拥有三种难易级别，其分别为"入门"、"基础"和"大师"三种，而这三种中，"入门"从最最基础的"一"、"丨""丿""、"等笔画开始练习，"基础"是从《三字经》、《千字文》等我们耳熟能详的著名启蒙作品，提高我们的文化底蕴。与此同时，《三字经》、《千字文》等作品本身就是汉字的启蒙教育书籍，字体简单易学，非常适合打基础。而"大师"是名作鉴赏的环节，用户可以根据自己的需求，选择自己的想要临摹的作品，让那些已经具有一定书法基础的用户能够在鉴赏的同时收获学习书法的快乐。与此同时，也省去了寻找名家作品的时间。这一特点，将会被许多书法爱好者所喜爱。

而这种不同的分类可以保证各个年龄段的需求，从五六岁的垂髫幼童到耄耋之年的老人都可以选择，而从难易上，从刚刚入门的用户到已有小成的用户都可以选择墨痕书法练习 APP。

与传统练字软件不同，该软件会首先通过给用户展示该字的正确写法，之后用户可以参照字体的形状进行描红，以保证用户练字的准确性。

作品7　万卷

获得奖项　本科组一等奖

所在学校　北京印刷学院

团队名称　"万卷"团队

团队人员及分工

Android 程序员：李美林

特点： 熟练掌握 Java 程序设计及面向对象程序设计思想；有一定的 Java 编程经验及 Android 应用开发经验。

分工： 主要负责应用 Android 内容程序编写以及设计。对于一些开发中遇到的难点问题提出了相应的解决方案，后期能不断对项目进行合理的优化，确保程序顺利的实现。

Java 网页程序设计员：季猛

特点： 熟练使用 My eclipse 开发软件；精通 HTML、DIV CSS 等技术并理解 WEB2.0 标准；熟悉 JavaScript、Ajax 及 Jquery 框架，能够编写常用的 JS 应用。

分工： 主要负责前台功能实现以及网页编程，后期调试。

数据库程序员：王金鑫

特点： 熟悉数据库查询语句，对数据库概念、表的概念有深刻的了解；有一定的软件开发经历。

分工： 主要负责项目的数据库编程以及后台代码编写，后期调试。

UI 设计师：王泽中

特点： 具备良好的美术功底和优秀的创意、审美、实现能力；有网站、手机界面、软件界面设计制作相关经验。

分工： 主要负责 UI 界面设计，通过建立用户模型、头脑风暴等方法，对设计创意进行有效的交流。

作品概述

随着三网融合、云计算、移动互联网的迅速发展，多媒体通信的载体变得更加融通，应用范围也得到了进一步地扩展，已逐渐渗透到了工作、学习、生活的每一个角落。随着近年来国家对教育信息化的重视以及对数字化教育基础设施的大力投入，教学模式的创新正在不断深入。融入信息化技术的现代教育利用计算机技术、多媒体技术、互联网通信技术实现对教学模式的创新将是必然的趋势。针对这种趋势和需求，经过小组讨论，设计出"万卷"电子课堂。

"万卷"是围绕学生为主题、个人电子终端设备和网络学习资源为载体，贯穿于预习、上课、作业、辅导、评测等学习各个环节，覆盖课前、课中、课后学习环境的数字化教与学的系统支撑及服务平台，为教师和学生提供教与学活动助手、资源、互动、评价、跟踪五大方面的辅助，具体为教与学提供个性化学案、伙伴式互动、树状式作业、智能化辅导、过程性评价五大方面的具体应用，从而为构建温馨、趣味、有效的智慧课堂奠定基础。

"万卷"的目标人群为高等学校在校学生以及教职工，主要针对该类人群生活节奏快，工作压力大，学习的时间以及效率十分重要，基于当代社会发展以及科技进步，互联网和移动媒体普及率相当高，以满足用户对效率的要求。

"万卷"包括客户端和服务器端，客户端采用 Android 平台开发，服务器端采用 NetBeans IDE 技术开发，数据库采用 My SQL 数据库，后台服务器采用 Tomcat。系统采用分层架构设计，客户端分视图层和网络通信层，服务器端分控制层、业务层和数据访问层。客户端通过 HTTP 超文本传输协议与服务器端通信，并利用线程等技术增加处理能力。系统具有可移植性好，安全性高、可拓展性强等特点。

"万卷"设计的电子教材，是一种突出教学特色的教材，不仅符合教学内容组织，也包含了教学分析。所生成的教材采用 html 格式，这样可以用于 Web 环境也可以用于移动终端。电子教材采用压缩技术进行打包，通过用户验证管理版权，软件在网络传输中使用 SSL 技术，保证数据传输的安全，同时设计了基于 Android 的移动终端阅读器。移动终端软件利用 xml 解析技术对教材进行解析，并呈现界面。

作品可行性分析和目标群体

1. 可行性分析

机遇： 互联网线上教育以其内容之广度、高效、不受时间空间限制以及更新及时的特点欲将抢占传统教育行业市场的半壁江山。随着社会人才水平不断提高，社会对于人才知识水平有了更高的要求，大学生不再能被分配工作而是要靠真才实学才能在职场站稳脚跟。考研大军同样是高等教育的主要需求者（数据来自中国教育在线、问卷星）。

数据分析如图 1 所示。

图1

现有的互联网上也存在不同规模的学习与教育网站和平台以及针对于某一专业或领域的手机 APP，经过分析，上述的网站和应用主要存在如下的问题，首先具有一定局限性，主要针对是个别学科，或者只针对教或只针对学，不能很好地将教与学有机地结合起来。其次，此类网站以及应用还是以自学为主，很少存在在线解答和论坛交流的功能。对此小组讨论将上述问题进行了整合解决，将学习当中的教与学进行了有机整合，并推出"万卷"Android 应用以及相应的 web 图书管理端。对于手机用户来讲，直接将图书信息发送到后台服务器，并反馈到图书管理页面。对于任课教师，相应的 web 管理页面提供客观准确的学生学习中存在的问题，直观的掌握学生的学习掌握情况。此外，"用户等级"模块则为用户的学习增加了一定的趣味性，使用户在学习的同时能积极地与大家分享学习中的心得。

从社会层面上分析，"万卷"的推广，对于移动媒体用户主要解决了对于书籍选择和学习方式过于单一的问题，而对于老师则可以更好的通过该平台了解学生的学习情况。"万卷"的推广方便同学们的学习生活，满足同学们快节奏，高强度的生活需求，同时也给教师们的课程资源提供了一个极好的推广平台。

从技术层面上分析，该软件的实现可能性是毋庸置疑的、目前主要功能已基本实现。在 Android 应用客户端使用 Java 技术，通过 HTTP 超文本传输协议与服务器端通信，后台数据库使用 MySQL 采用 JDBC 访问数据库。日后该产品还需要定期有人对数据库进行维护和优化，确保用户的正常使用。

从经济层面上分析，在开发过程中，其成本主要是开发人员的时间以及精力。此外，"万卷"应用项目已成为学校创新创业园重点扶持项目，并获得专项资金以及服务器低价租用，依托高校以及周边市场对"万卷"应用项目主要针对校内学生以及教职员工进行首次投放以及试用，以便进行第一阶段的市场测试。

2. 目标群体

该应用系统主要目标人群为高等学校在校学生以及教职工。该类人群生活节奏快，工作压力大，学习的时间以及效率十分重要，因此便于开展本软件的推广和普及。另外，随着社会发展以及科技进步，互联网和移动媒体普及率相当高，大学生对互联网和移动媒体的依赖性也很强，更有利于"万卷"推广。

此外，目前主要的大学生学习方式还只是面对面沟通讨论的形式，此类方式对于学生来说缺乏即时性，即常出现有问题找不到老师的情况，且对于长期如此将会消耗学生学习兴趣。而对于老师最大的难题就是不清楚学生课后学习掌握情况，时常出现学生跟不上进度的情况，影响教学效率。而"万卷"的推广，是以 Android 移动平台与图书 WEB 服务器端进行通信，方便快捷且直接将学生学习情况显示在 web 管理端，方便直观。

作品功能和原型设计

1. 功能概述

"万卷"客户端功能结构图如图 2 所示。

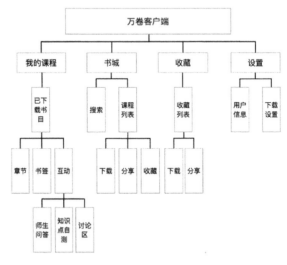

图 2

"万卷"Web 服务器端功能结构图如图 3 所示。在"万卷"的 Android 移动终端针对学生读者端的功能界面，主要有"多媒体阅读"，"编辑笔记"，"提问交流"等功能模块。

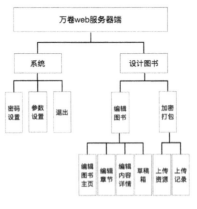

图 3

在后台服务器的管理界面中，最主要的功能是——"管理员对用户选择书籍的管理"，同时教师用户可以通过 Web 端进行内容打包上传。

（1）Android 端

①课程

"我的课程"以及"课程详情"如图 4、图 5 所示。

图 4

图 5

如图 4 所示，为我的课程中已下载书目列表，在此页面中，用户可以按分类查询到其之前通过本软件下载过的书目信息（包括书籍封面图、名称、简介以及作者等）页面顶部为未读完的书目列表，点击可直接进入最后一次的阅读位置。

如图 5 所示，为点击封面后进入的课程详情页，用户可以清楚明了的看到书籍来源详情（著作人、所在学校、上传时间下载量）、分章目录、每章重点以及内容占用内存数，并且还可以参与关于该书籍的评论、回复以及点赞互动。

"书签详情"以及"拓展详情"如图 6、图 7 所示。

图 6　书签详情　　　　　　　　图 7　拓展详情

如图 6 所示，为我的课程中阅读书籍时书签详情，在此功能中，用户可以根据自身阅读情况对于书籍内容方面进行自定义标记。

如图 7 所示，为我的课程中阅读书籍时拓展详情，在此功能中，用户可以根据自身阅读习惯选择书面阅读或语音阅读，并且可以自主上传音频、视频等多种形式的笔记资源。

②书城

"书城"界面如图 8 所示。

如图 8 所示，课程列表包含分享、收藏。下载书的页面，对于具体选择的每本书籍，"电子书"提供了简略的名称、出品人，用户欲知详情可以点击进入书籍详情页查看书籍信息，服务器可根据教育资源的情况进行定期更新。用户还可以直接通过搜索引擎进行书籍查询和检索，针对性强且方便快捷。

③收藏

"我的收藏"界面如图 9 所示。

如图 9 所示，为书目收藏页面，在此功能中，用户可以查询到其之前通过本软件进行的所有书籍下载信息，包括书籍名称、书籍简介以及出品人等信息。

图8   图9

④账户

用户注册、用户登录以及账户设置如图10、图11、图12所示。

图10   图11

如图 10、图 11 所示，为用户登录和注册页面，用户可以自定义注册并登录，也可以使用第三方应用，如 QQ、豆瓣、微信或微博登录。此外该应用还提供找回密码的功能，为用户提供方便。

如图 12 所示，为个人中心的主要页面，在此功能中，用户可以进行用户信息修改、用户注册、用户登录的操作。用户登录后，可以进行专属下载设置，如存储位置、是否仅在 WiFi 下载、继续上次阅读等。使得我们整个软件的设计及使用更加的人性化，方便了用户的使用。

⑤科目选择

选课界面如图 13 所示。

如图 13 所示，为打开万卷 APP 后的新手选课界面，在此功能中，用户可以根据自己的专业或兴趣选择一个或几个专业，用户登录后，可以进行专属书籍推荐设置，使得我们整个软件的设计及使用更加人性化，方便了用户的使用。

图12　　　　　　　　　　　图13

⑥服务器

服务器界面如图 14、图 15、图 16 所示。

图14

图15

图16

7. 用户等级

用户等级如图 17～图 22 所示。

图 17　　　　　　　　图 18　　　　　　　　图 19

图 20　　　　　　　　图 21　　　　　　　　图 22

　　由于本应用很大一部分内容是由用户来上传或分享（共享笔记、问答、书籍评论等），为了鼓励用户上传更多资源保证应用的内容和用户活性，我们设想了一套用户等级制度，对于有助于应用推广或内容丰富的操作都会给予积分反馈，积分可用于升级，等级越高特权越多。

　　在深入访谈和焦点小组中我们提炼了目标用户对于生活中不同"等级"学生的印象提炼设计出如图形象，这类人群虽经常以"学渣"自嘲，但也争强好胜有一颗当"学霸"的心，这样的形象不仅刺激用户操作，而且增加了产品亲和力和趣味性，符合这类人群的性格特征。同时让他们有归属感并在进步中获得成就感。

软件特色及界面设计理念

1. 软件特色

借互联网学习之热潮，借移动终端性能之提升，借媒体形式之多样，打造开放式移动多媒体阅读平台；集多种学科海量课程，集各大高校名师智慧，集万千读者优秀笔记，构建线上学习交流的新模式。

简言之，"万卷"是一款开放式的电子阅读学习应用，它不同于传统电子书，每本书（课程）由老师在网页端发布，将文字、图片、音频、视频等打包上传，学生可在 APP 端下载。在阅读时可添加不同媒体形式的注记，并可查看其他读者分享的笔记。同时允许读者提问或帮助解答其他用户的问题。

"万卷"是围绕学生为主题、个人电子终端设备和网络学习资源为载体，贯穿于预习、上课、作业、辅导、评测等学习各个环节，覆盖课前、课中、课后学习环境的数字化教与学的系统支撑及服务平台，为教师和学生提供教与学活动助手、资源、互动、评价、跟踪五大方面的辅助，具体为教与学提供个性化学案、伙伴式互动、树状式作业、智能化辅导、过程性评价五大方面的具体应用，从而为构建温馨、趣味、有效的智慧课堂奠定基础。

"万卷"不同于其他的教育类 APP，我们在原有的教育类 APP 基础上添加了师生互动，把教与学有机地结合在一起，为老师提供了一个与学生互动并及时了解学生学习情况的平台，为学生提供了一个学后巩固与交流的平台。

在"万卷"客户端中，用户可以通过语音，视频和文档的形式在该应用上分享自己的学习心得和学习感悟。此外，我们还推出了用户等级，以多样的等级特权为该应用增加了一定的趣味性。

2. 图标设计

"万卷"图标如图 23 所示。

图23

颜色： 万卷为学习类应用清爽的蓝绿渐变，象征简单高效，同样作为应用内的主色使用给人轻松愉快地感觉。

构形： 抽取"万卷"两字拼音的首字母"WJ"，并运用同构的设计手法与书的形状同构，紧扣主题。三角形在大众观念中表示"播放"暗含多媒体图书的特点。

Slogan： "读书破万卷"名称取自杜甫《奉赠韦左丞丈二十二韵》中耳熟能详的名句，这五个字很好地暗示了用户应用的目的，同样是对用户的激励，每见此句，心中自然默念："下笔如有神"。

设计理念如图 24 所示。

图 24

3. 界面的色彩搭配

界面色彩搭配如图 25 所示。

图 25

主色： 蓝绿渐变，这两种颜色是最让人感觉安静的颜色，为体现应用开放多元的特质，不使用单调的单色而使用低对比的渐变。

辅色： 灰色为中性色，对视觉刺激弱，适合长时间使用，用来调和主色和强调色的高彩度是界面趋于稳定。

强调色： 浅粉色功能上用于重要信息（阅读进度）和重要操作（删除、收藏等）。视觉上用于点缀。

4．界面的视觉风格

由于受众以 18～23 岁青年为主，精神有活力，故彩度较高。界面整个视觉设计是采用 Metro 风格，简洁实用，提高效率。

市场以及预期前景

1．应用前景

大学生几乎每日会接触互联网，超过 90%的人使用时长超过两小时。近七成大学生每日接触电视时间在半小时以上，过半数大学生不接触报纸。每日接触互联网超过 8 小时以上的大学生占 12.2%，远超于每日接触报纸（0.4%）、广播（0.5%）、电视（0.9%）、杂志（0.7%）达 8 小时以上的大学生，仅有 1.1%的大学生每日从不接触互联网。大学生每日接触电视的时长集中在 0.5～2 小时，其中，接触电视在 0.5～1 小时之间的大学生占 33.4%，接触时间在 1～2 小时的大学生占 15.6%（来自《2015 年中国大学生媒体使用习惯调查报告》）。

在第一阶段的测试和调研过程中，就调研地区来讲，我们对市场进行了深入了解和分析，目前在北京印刷学院，以及石油化工学院和北京建筑大学等大兴区周边的大学进行推广，收获了较好的预期效果。

"万卷"电子课堂简便、实用、有效的特点可吸引大部分在校大学生和大学任课教师，并且对平常上课不太认真的同学有非常大的市场需求。对于调研区域的大学学生及任课教师，无疑是一种全新的教学模式以及高效的提升学习成绩的工具，更建立了更好的师生互动平台，会吸引大批学生和老师使用这个平台。

2．商业运作

初期：应用完全免费，吸引更多用户使用，推广北京高校教师使用，书籍内容为老师的课件，不用另外编辑。获得用户量，赢得 "虚拟价值"。在首页上部的推广页可以作为广告位出卖，招商同样目标受众的品牌。

中期：当用户量达到一定数量级时，请老师系统地按照章节每周更新，前两章免费，后几章收取较低费用。

后期：会员拥有某些特权，开展线下活动（交流、微课程等）。

作品实现、难点及特色分析

1. 作品实现及难点

（1）Android 客户端

①自定义适配器

在整个 Android 端的界面设计中，我们多处用到自定义适配器。例如，ArrayAdapter、BaseAdapter。

在界面中，我们主要通过自定义适配器将数据绑定到 listview、gridview 上，自定义适配器是 ListView、GridView 界面与数据之间的桥梁。当列表里的每一项显示到页面时，都会调用 Adapter 的 getView 方法返回一个 View，以达到实现 listview、gridview 界面优化的作用。

②数据传输

在 Android 客户端与服务器的数据传输的过程中，我们全部采用 http 超文本传输协议，以数据流的方式，实现文本、图片等内容的多样化传输。Http 协议是一个应用层协议，由请求和相应构成，是一个标准的客户端服务器模型。

通过 http 超文本传输协议，我们可以接收和发送 list 类型数据、String 类型数据、Float 类型数据、自定义 Book 类型数据等，所有的数据均来自于服务器端，最大限度地减少客户端数据的存储量，以减小对用户手机存储空间的使用量。

③本地缓存

对于 Android 客户端的图片资源来说，我们主要采用本地缓存技术。因为如果每次获取图片时都重新到远程去下载，这样会浪费资源，而如果让所有图片资源都放到内存中去（虽然这样加载会比较快），因为图片资源往往会占用很大的内存空间，容易导致用户使用过程中出现卡顿现象。所以我们利用本地缓存技术，将资源直接保存在内存中，然后设置过期时间和 LRU 规则，这样既保证了图片的加载、节省了流量、又节省了内存空间。

④线程控制

在整个 Android 客户端中，线程控制技术（主要采用 Thread 技术，其实现 Runnable 接口）也广泛运用于其中。通过线程控制技术来控制客户端连接服务器时间的长度，使我们可以很轻松地调度和控制任务的执行。

（2）后台服务器端

①SSH 三架构（即 Spring，Struts2 和 Hibernate）

在后台设计中，本软件主要使用 Spring 中控制反转（IOC）的技术，它可以让一个对象依赖其他对象会通过被动的方式传递进来。Spring 提供了及其丰富的框架例如事务管理、持久化框架集成等，将应用逻辑的开发留给了程序员。Struts2 技术，则以 WebWork 为核心，采用拦截器的机制来处理用户的请求，这样的设计也使得业务逻辑控制器能够与 Servlet API 完全脱离开。

在持久化层本软件主要采用 Hibernate3 技术。它对 JDBC 进行了非常轻量级的对象封装，使得 Java 程序员可以随心所欲地使用对象编程思维来操纵数据库。而且它对各种数据库引擎兼容性都很好，使得我们的系统在移植性上面大大地增强了，而且它和 Spring 的完美结合开启事务管理大大减少了因为各种原因导致数据库中出现"脏数据"的可能性。它的"关联映射"功能大大减轻了我对于数据表的关联处理负担。

②log4j 技术

Log4j 技术可以控制日志信息输送的目的地是控制台、文件、GUI 组件、甚至是套接口服务器、NT 的事件记录器。这个技术通过定义每一条日志信息的级别，我们能够更加细致地控制日志的生成过程，记录异常情况。

③div+css 网页标准版式布局

div+css 网页标准版式布局运用于整个网站之中。其中，div 用于搭建网站结构（框架）、css 用于创建网站表现（样式/美化），实质即使用 XHTML 对网站进行标准化重构，使用 CSS 将表现与内容分离，便于网站维护，简化 html 页面代码。为了达到最高达显示速率的目的，大部分的按钮链接都需要用代码实现，大量使用样式表。

④浏览器兼容性

网页在不同客户机上的显示美观度直接影响着信息传播的有效性，而在网页设计中，保证网页在不同的浏览器中的兼容性始终是个头疼的问题。对此，我们将网页置于不同的浏览器（火狐、IE8.0、IE9.0 等）中进行兼容性测试，以达到最好的用户体验。

作品8　学科竞赛联盟

获得奖项　本科组一等奖
所在学校　中国矿业大学（北京）
团队名称　拥抱太阳的狮子
团队人员及分工

　　　　　　刘凯欣：负责人员分工，项目架构，Android 前端开发。

　　　　　　刘明磊：负责视频制作。

　　　　　　刘　乐：负责 UI、UE 设计。

　　　　　　冯宋玮：负责软件测试。

　　　　　　李　欢：负责文档撰写。

指导教师　徐　慧

作品概述

　　学科竞赛是在教学"质量工程"全面实施的背景下推出的学科教学型的竞赛活动。对于各大高校来说，学科竞赛可以带动和促进高校的学风建设、学科和专业建设，深化教学内容和方法、课程体系的改革，促进和提高教学质量。对于各大举办机构及赞助方来说，学科竞赛可以为他们提供大量优秀作品，发现优秀人才，找到新的发展思路。对于指导老师来说，学科竞赛可以促使他们真正做到教学目标、教学内容和教学方法与时俱进，切实达到面向应用、面向市场、面向社会并最终为社会提供高素质人才的最高教学目标。对于参赛学生来说，学科竞赛调动了学生主动学习的积极性，让学生在不同专业的结合与碰撞下提高了创新性思维，为他们提供了一个开阔眼界、互相学习和交流的好机会，引导学生成为勇于创新、敢于应对各种挑战、懂得团结协作、具有高度责任感的优秀人才。

　　然而，部分学科竞赛的参赛率并不高，经过调查（见图 1），38% 的学生未参赛的原因是由于信息渠道窄，找不到适合自己参加的竞赛。50% 的学生未参赛是因为有感兴趣的比赛，只有少数学生是因为不感兴趣或者时间问题很少参加学科竞赛。因此学科竞赛的普及和推广以及学生团队的创建成为了推进学科竞赛发展的首要障碍。根据调查结果，追根溯源，我们总结出以下几点原因。

①现在学生获得竞赛信息的主要渠道是学校的通知以及海报宣传还有网上星星点点的竞赛信息。学校的通知是层级下发的，传递的过程中就会出现遗漏，并没有办法下达到每个学生手里，常常信息滞后，而且学校掌握的竞赛数量有限，宣传没有针对性。海报间隔更换频率快，有的学生还没看到就已被更换，导致很多竞赛已经报名截止，学生才知道。虽然学生可以浏览网上搜集学科竞赛的网站了解竞赛，但是竞赛常常会更新一些公告，就需要隔段时间上网查看，很不方便，学生常常遗忘，导致无法实时获取竞赛动态，相对于网站，手机客户端可以帮助学生方便获取竞赛信息，尤其在这个智能机不离手的时代。

②如果是学校有组织的竞赛，团队常常是老师或班长将班内学生随机分组，导致团队形同虚设，往往只有一个人奋战，自然打击学生参赛积极性；如果是学校没组织的竞赛，学生自发组队，毕竟每个人的交际圈有限，茫茫人海想找到志同道合的人如同大海捞针；为了提高学生创新性，目前鼓励跨学科组队，对于一些交际面窄的同学，就很难找到可以组合在一起的队友了。

我们团队从这两大问题入手，开发了这款"学科竞赛联盟"的安卓应用程序，完美实现了实时获取竞赛动态（包括竞赛公告），线上寻找参赛队友的需求。举办方不仅可以通过平台发布竞赛，还能通过平台发布公告，且发布的比赛不仅会放到赛事市场，还会推送给所有对该比赛有兴趣的以及该比赛相关专业的同学，发布的公告也会推送给所有关注该比赛的同学，完美解决了学生了解竞赛消息不便、无法实时获取大赛公告的问题，这样有针对性的推送，提高了学生的参赛率，对竞赛信息的宣传推广起到了重要作用。参赛方可以通过我们平台方便地查阅各个地区、各个类型、各个年级、各种参赛形式的比赛，只要增加了新的竞赛，我们平台会根据是否符合用户的口味决定是否将赛事推荐给该同学，只要关注了某个比赛，就能实时接收举办方发布的公告，了解最新比赛动态，参赛还可以通过我们平台创建团队寻找队友，我们会根据用户的地区、学校，筛选出有效的团队信息，保证用户看到的团队都是可以报名加入的，减少了用户浏览大量垃圾信息的时间，如果用户想看全国各地各大高校的团队，可以手动选择全部团队。

"学科竞赛联盟"界面友好，操作简单，是帮助学科竞赛发展普及的利器，也是帮助学生寻找合作伙伴、共同进步的法宝。

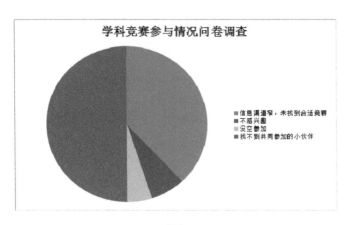

图1

作品可行性分析和目标群体

1. 可行性分析

（1）市场需求可行性

①举办方需要一个直接面向参赛方的平台来宣传自己的大赛，吸引更多用户参赛，大赛的进行动态也需要实时通知给参赛方，大赛官网上的通知往往无法被所有用户实时知晓，只能在 QQ 群里一遍又一遍重复，所以，一个实时通知参赛方、大大提高竞赛宣传效率的平台是有需求的，见图2、图3。

图2　　　　　　　　　　图3

②参赛方需要创建、寻找团队，传统的方式往往很难找到志同道合的队友，所以，一个能创建团队、寻找队友、剔除垃圾信息、帮助学生高效找到团队的平台也是有需求的。

（2）社会可行性分析

①该软件为我们团队自主开发设计，目前市场还没有类似软件，加上 Android 是个开放的平台，代码是开放的，所以不存在侵权和其他责任问题。

②该软件是基于 Android 系统的，Android 系统是目前使用率最高的系统，在高校中也极为普遍，能帮助大部分同学解决寻赛难、组队难的问题，很大程度上提高了学生参加学科竞赛的积极性。

（3）经济可行性

①由于 Android 是个开放的平台，AndroidStudio、Android_SDK 都是免费提供的，我们利用自己的笔记本电脑就可以完成整个软件的编写，几乎不要成本。

②从经济效益方面来说，本平台主要为举办方和参赛方提供便利，但是当用户量增加到一定数量，本平台在帮助举办方宣传大赛的同时，也能通过大赛广告以及大赛置顶、团队置顶等功能获取一定收益。

（4）技术可行性

由于当下移动终端的兴起使人们对移动终端的依赖性越来越强，因此将应用建立在手机端。Android 是一个开放平台，官方文档上有所有 API 的详细介绍，因此，整个软件在实现技术上没有什么大问题。

2. 目标群体

（1）高校大学生

对于热爱创新、热爱实践、热爱挑战的大学生，我们平台提供丰富的竞赛资源以及团队资源，让他们再也不用担心英雄无用武之地和以一敌百的窘境。对于理论性强、实践能力低的大学生，我们希望通过这个平台大力宣传学科竞赛，让他们真正得到锻炼机会，也为以后就业增加竞争力。对于沉迷网络、自我竞争意识逐渐降低的大学生，我们希望通过平台的宣传，带动周围同学的积极性，进而带动此类大学生的积极性，把战场从游戏转移到学科竞赛，找到自己的价值。

（2）竞赛举办机构

每年每场学科竞赛，举办方都会投入大量人力物力，大力推广宣传，发布到网站、学校、媒体，但是这三种方式在学生中的使用率都不及智能手机客户端，通过我们平台，举办方只需要填写很少的关键信息，通过我们的推荐，就可以很快宣传给所有有兴趣的同学，简洁明了的文字也能减轻学生浏览量，节省学生决定时间，除此之外，以上三种方式都无法做到竞赛动态实时推送，学生不了解比赛动态，要么需要举办方花时间一遍一遍解释，要么导致自己作品不合要求无奈退赛，所有的这些问题，通过我们平台都可以解决。

作品功能和原型设计

1．功能概述

功能名称	功能描述
创建与发布竞赛	只针对举办方，举办方按要求填写我们提供的创建竞赛页面，可以预览发布后的效果，由于一旦发布竞赛便无法更改，所以我们提供了保存与发布按钮，可以先保存，确认无误后再发布，也可以直接发布。发布后平台会将竞赛放到赛事页，同时推送给对该类赛事有兴趣的同学
发布公告	只针对举办方，举办方按要求填写我们提供的公告页面，点击发布，公告就会发布给所有关注该竞赛的同学
创建团队	只针对参赛方，参赛方按要求填写我们提供的创建团队页面，选择相应的比赛，点击发布，平台会将团队信息放到团队页，供所有想参加相同赛事的同学浏览、报名
加入团队	只针对参赛方，参赛方选择有兴趣的比赛，平台会根据赛事的可参赛地区、可参赛年级、参赛形式（团队赛、个人赛），显示出可供浏览者报名的团队，提交报名申请表，写出自己的优势，与团队创建人线下联系后由创建人决定是否能加入团队
消息通知	①当有新竞赛发布时，平台会根据参赛方注册时填写的兴趣与专业以及新竞赛的主要面向专业，准确推荐给合适的同学。②竞赛的最新公告，平台会发送给关注该比赛的同学。③有成员报名申请加入团队时，平台会将报名成员的资料推送给团队创建者，以便创建者审核

2．原型设计

实现平台：AndroidStudio，JDK8.0，bmob 移动后端云服务平台。

屏幕分辨率：≥400×800。

手机型号：Android4.0 以上系统并且屏幕分辨率≥400×800 的手机。

图 4 为"首页"和"赛事"页。

(a)   (b)

图 4

图 5 为"团队"页和"我的"页。

(a)   (b)

图 5

图 6 为举办方"创建比赛"和参赛方"创建团队"页面。

（a）   （b）

图 6

图 7 为"赛事预览"页和"加入团队"页。

（a）   （b）

图 7

图 8 为"团队详情"页和"竞赛详情"页。

（a）　　　　　　　　　　（b）

图 8

图 9 为举办方"发布记录"页。

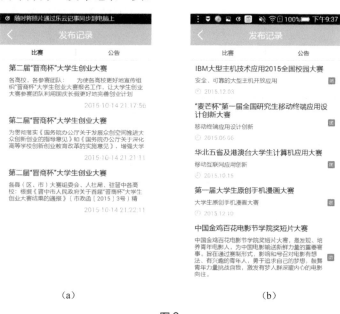

（a）　　　　　　　　　　（b）

图 9

图 10 为参赛方公告消息和团队消息页。

（a）　　　　　　　　　　　　　（b）

图 10

图 11 为参赛方团队报名状态记录页和团队报名申请页。

（a）　　　　　　　　　　　　　（b）

图 11

图 12 为参赛方收藏团队页面和关注竞赛页面。

（a）　　　　　　　　　　　　　（b）

图 12

作品实现、特色和难点

1. 作品实现及难点

（1）作品实现

①主要数据表的设计（图 13）。

用户表	
key	objectId
	userName
	password
	userType
	realName
	address
	phone
	gender
	area
	school
	subject
	degree
	hobby
	createAt

竞赛表	
key	objectId
	competitionName
	competitionTheme
	competitionType
	compeitionHosts
	competitionSchedule
	competitionItems
	areas
	subjects
	userId
	endTime
	createAt
	description
	canTeamUp
	canCrossSchool
	canCrossSubject
	workRequire
	web
	top

团队表	
key	objectId
	userId
	compeitionName
	needMember
	teamNeeds
	teamMember
	teamIntroduce
	createAt

公告表	
key	objectId
	userId
	isRead
	content
	competitionName
	createAt

图 13

②数据的增删查改。

竞赛发布、公告发布、团队发布、团队报名、团队收藏等需要请求服务器的功能，在确认所有信息都规范填写后，通过 Bmob 的添加、查询方法，采用异步处理的方式，向服务器发送请求，操作数据，操作完成后，由服务器返回结果，判定是否操作成功。

③推荐功能的实现。

在学生用户注册时，会填写其专业和兴趣，与竞赛类型共用同一数据表，在这一标准字段的基础下，我们首页的"赛事推荐"栏会自动搜索竞赛类型，只要用户登录，并且身份是学生，就会显示出该学生感兴趣的竞赛。

④新消息通知功能的实现。

举办方在发布竞赛公告时，点击发布会填写消息表，学生用户打开客户端就会搜索该表，如果该生关注的比赛有了新的公告，就会在消息盒子里显示新公告。参赛方创建的团队，有同学报名，同样也会填写一张报名表，团队创建人打开客户端时会搜索该表，如果有新的数据增加，就会在消息盒子的"团队"中出现报名信息，以供审核。

（2）作品难点

①数据库设计。

数据库采用 Bmob 移动后端云服务平台数据库，包括 14 张表，由于项目较大，实体较多，关系错综复杂，所以数据库的设计成为了一大难点。通过分析应用可以知道，一共存在"举办方"、"参赛方"、"竞赛"、"公告"、"团队"五个主要实体，还有"学校"、"地区"、"专业"、"兴趣"、"报名申请"、"年级"、"竞赛类型"七个辅助实体，其中举办方可以发布竞赛、发布公告、推送消息给用户，参赛方可以发布团队、报名团队、收藏团队、关注比赛。系统关系 E-R 图，如图 14 所示。

②数据的复合查询。

无论是浏览、推荐还是通知，都需要对数据进行复合查询。赛事页面，要根据用户的选项，对地区、竞赛类型、面向对象、参赛形式进行复合查询。团队页面，要根据用户注册时的地区、学校进行团队筛选。推荐功能、通知功能，都要根据条件进行复合筛选。

③图片缓存。

Android 主要应用在嵌入式设备当中，而嵌入式设备由于一些众所周知的条件限制，通常都不会有很高的配置，特别是内存大小有限的。为了能够使得

Android 应用程序安全且快速的运行, Android 的每个应用程序都会使用一个专有的 Dalvik 虚拟机实例来运行, 也就是说每个应用程序都是在属于自己的进程中运行的。Android 为不同类型的进程分配了不同的内存使用上限, 如果应用进程使用的内存超过了这个上限, 则会被系统视为内存泄漏, 从而被 kill 掉。一般情况下, 应用程序如果涉及图片的加载和显示等操作, 基本上都会出现内存溢出(OOM)的问题。网上提供的解决方法一般都是在图片使用完成之后及时的释放掉, 但在实际情况中, 涉及大量图片显示的时候, 很难准确及时进行释放, 因此还是会出现内存溢出的问题。在这里我使用了第三方的开源框架 Universal_Image_Loader 来解决这个问题。使用 imageloader 基本不会出现内存泄漏和溢出的问题, 因为它提供了很好的异常捕捉机制, 有限避免了系统崩溃的情况。同时它还有很好的缓存管理机制, 开发者通过 imageLoader 可以选择性的将图片资源缓存到手机内存或者 SD 卡中, 这样在避免内存溢出的同时还可以加载 listview、gridview、viewpager 等控件的滑动速度, 避免加载大量图片导致的滑动卡顿问题。

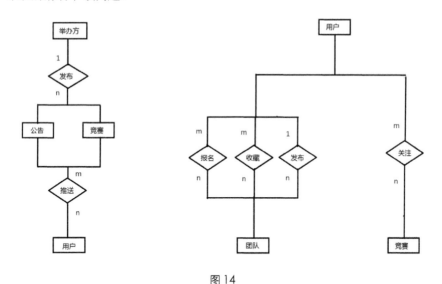

图 14

④消息推送。

客户端与客户端之间需要通过平台推送消息, 比较容易实现的是服务端推送消息到客户端, 如天气类、新闻类 App, 从平台推送给用户, 但是需要用户主动触发的推送, 对我们团队来说是一个难点, 我们采用增加数据表的方式,在用户每次登录客户端获取新增的消息表，判定是否有新消息到达，如果有，则提示用户。

2. 特色分析

（1）功能特色

①举办方

● 创建赛事简单易读。

举办方通过平台创建赛事，只需要用简洁明了的文字将大赛名称、大赛主题、主要赛项、赛程安排、官方网址、报名截止日期填写到客户端，其他选项全部可采取选择方式填写，发布即可，也可以电话联系我们，我们从后台直接为举办方填写。这样简洁明了的信息也节约了学生浏览竞赛的时间，在短时间内决定是否参赛，要不要创建团队，如果决定参赛，可以再点击官网浏览详细信息。

● 新建大赛定向推送。

举办方新发布的比赛，平台会选取 3 条定向推荐给相关专业的同学，显示在首页的"赛事推荐"中，这样定向的推荐，一来可以提高举办方宣传比赛的效率，增加学生的报名率，二来可以让参赛方也快速找到心仪的比赛。

● 大赛公告实时推送。

现在举办方的公告动态大都发布在官方网站上，学生只能定期浏览，看是否有新的公告出现，很多时候学生忘记了浏览，如果比赛要求有所变更，该学生就可能出现前功尽弃的现象，也有的公告会同时发布到 qq 群，但是学生入群先后时间不同，新入群的同学可能就会错过大赛的通知，再在群里提问，群主就需要一而再再而三地解答，这样的往返大大降低了双方做事的效率。使用我们平台，当举办方发布了新的比赛公告后，会将新公告存储到消息表中，学生用户打开手机后会读取该表，如此就实现了给每位关注了该比赛的用户发送最新的公告通知的功能，确保用户第一时间了解比赛动态，实时调整自己的项目。

②参赛方

● 大赛搜查方便快捷。

我们提供了丰富的搜索功能，可以根据大赛名称、大赛类型、参赛形式、参赛地区、参赛年级对大量比赛进行筛选，能快速找到适合自己的比赛。

● 参赛组队成员丰富。

平台会聚集所有对同一比赛感兴趣的同学，可能来自各个专业各个学校，满足了一些竞赛鼓励"跨学校、跨学科"的要求，且团队的信息公开透明，想加入团队的同学可以看到这个团队现有的成员以及他们擅长的领域，从而决定自己是否要加入团队，共同参赛。

● 报名申请实时通知。

用户报名申请某一团队后，会给团队发起人发送一条报名申请通知，团队创建者在打开 App 后会收到申请报名的成员的基本资料，如特长，从而决定团队中是否需要这样的队员，双方线下联系后可到平台由发起人选择同意或拒绝，如果同意，该新成员的信息将显示在团队信息里，供其他同学查看，以便更多人加入团队，同时团队需要人数也自动调整。

● 无用信息全部剔除。

为了避免"要么没有信息，要么信息轰炸"的极端状况，平台在团队信息的显示上为学生用户进行了自动筛选，如果从比赛进入的加入团队页面，则会根据大赛对参赛的要求，只显示该比赛的、用户能够加入的团队，确保用户所见信息无垃圾信息，如果用户想浏览所有团队，右上方的 All 按钮，会呈现出所有团队；如果用户直接进入团队页，则会默认显示同地区、同学校的团队，用户如果需要其他条件的团队，可以根据提供的筛选功能进行筛选。

（2）技术特色

①所有耗时的操作，如果获取数据、添加数据、删除数据、加载图片等操作，均采用异步处理的方式实现，增加了的用户的体验感。

②数据设计时将专业、学校、竞赛类型等可扩充字段设计成表，随着用户量的增加，专业、学校、竞赛类型可以自动不断扩充。

③功能细节的处理上也考虑较为全面，如：假如用户没有关注比赛，但是创建了某个比赛的团队，平台也会引导用户关注，从而使创建团队的用户也可以接收到比赛的最新公告推送。

作品9　NEUQer

获得奖项　本科组一等奖

所在学校　东北大学秦皇岛分校

团队名称　NEUQer 团队

团队人员及分工

　　后　　　端：张思浩

　　前　　　端：陈　庆

　　设　　　计：奚　萌

　　产　　　品：李　婧

　　运　　　营：宋小雪

指导教师　王和兴　张顺宇

作品概述

随着中国互联网用户群的日益庞大，互联网产业正扮演着市场经济的重要角色。学生群体不会仅仅满足于手机简单通信功能，而更多的是把手机当成接受信息的工具，了解时事的工具，建立社交网络的工具，便利生活的工具，游戏娱乐的工具。而大学生对于各种信息平台的接受度和依赖度普遍非常强，但是市面上的生活服务类应用软件鱼龙混杂，针对大学生的需求，以大学生的利益为基本出发点提供信息方便大学生的学习生活的应用软件还少之又少。同时，校园群体占据了消费群体很大的一部分市场份额，开发成本低、又具有人群集中性特点。这些得天独厚的条件孕育出了这款校园 APP。

NEUQer 一站式校园生活服务软件，旨在为在校大学生提供一个涵盖丰富的学生生活服务功能的平台。内部包含了校园 RSS 内容，即时通信工具（IM，InstantMessaging）、飞信、论坛的优点，并接入了第三方问答机器人和人工客服，结合移动互联时代，手机使用高效便捷的优点。完善的服务体系为在校大学生提供完美的服务体验。

作品可行性分析和目标群体

1. 可行性分析

首先，就校园这一宏观体系而言，校园市场具有以下特点。

①封闭性。在校大学生与电视媒体接触不多，信息多来源于广播和互联网，形成了一个较为封闭但却活跃的消费市场圈，产品的接受度和知名度主要依赖于其在高校市场内。

②容量大。随着我国高等教育近年来的连续扩招，规模不断壮大，学生对商家和企业来说，也就意味着一个巨大的、高素质的新型消费市场。

③集中性。校园市场消费集中，在校学生群体消费量大。

④延续性。校园市场是有未来导向性的，大学生群体之所以是特殊的消费群体，在于他们拥有知识资本，以脑力劳动为主，崇尚品质生活，具有鲜明的品牌意识，这种意识一旦形成忠诚度也很高，他们是形成中国新生中产阶级和引领青年一族消费潮流的重要支柱，必将成为未来社会中消费的主导力量。

基于以上因素，为大学生打造一款定制的一站式服务 APP 很有必要。而 NEUQer 结合本地学生特色，推出一系列 O2O 服务，方便大学生的学习生活。

2. 目标群体

互联网高速发展的今天，手机已经成为了大家日常生活必不可少的工具。在移动互联时代，更多的是要把握用户的使用场景。而 NEUQer 就是紧握大学生校园生活的痛点需求，并针对其需求场景而提供出个性化服务。

大学生应用如今在市场上随处可见，但真正从大学生实际利益出发，提供信息方便，服务方便的应用少之又少，所以我们针对本校学生的痛点需求，结合本地化特点开发了 NEUQer。

NEUQer 从大学生的基本需求如查询课表、查询空闲教室、发通知等入手，深挖用户场景，如设置不同组织，通知收到确认功能、提问功能等。以此为基础，保证了用户的使用率和使用频率。论坛功能进一步提供一个用户思想碰撞、沟通交流的平台。同时，论坛也为诸多线下活动做依托，从提前的预热到后期的活动反馈，取得了极大效果。

基于本地化的特点，所以我们除了 NEUQer 发起的线下活动之外，也与学校学生会、社团等组织进行合作，为他们个性化定制宣传方式、线上报名流程，并提供信息导出功能等，极大减少了信息统计、录入的人力成本，并增加了宣传效果及沟通效率。

NEUQer 将校园痛点需求整合到一起，提出高效解决方案，利用移动互联的优势，提供个性化的服务，方便大学生的日常生活。

作品功能和原型设计

1．功能概述

①论坛交流功能，可以通过发帖回帖来进行交流互动。

②即时通信功能，可以查找添加好友、进行即时通信。

③组织群发通知，以班级、社团为组织，进行内部发送通知，方便快捷。

④查询课表。

⑤查询空闲教室。自习时，不用漫无目的的寻找教室。

⑥社团一键报名及相关信息。增加社团宣传渠道，提高报名效率。

⑦演讲辩论比赛一键报名及相关信息。减少用户报名流程的冗杂，同时优化主办方数据收集的方式，增加效率。

⑧心理咨询热线。提供绝对安全、舒适的心理咨询方式。

⑨校园一键报警。以防学生发生危险时不知如何求救，一键需求帮助。

⑩校园街景。针对新生，让新生未进校门，便知校园三分。

2．原型设计

实现平台：Android。

手机型号：适用于搭载 Android4.1 以上系统的手机。

图 1 为欢迎界面。

（a）

（b）

图1

作品实现、特色和难点

1. 作品实现及难点

（1）后端数据主要采用非关系数据库 MongoDB 承载，同时根据不同服务不同业务的特点选用不同的数据库。

（2）作品后端采用微服务架构，将产品功能拆分为功能模块，化单一后端为内聚度更高的零散后端，降低服务之间的耦合性，更加方便部署与维护，可以根据不同服务的压力大小实现灵活地计算能力伸缩。同时在不同的微服务中可以根据本服务的特性选择合适的技术来应对特殊需求。

（3）在架构上实现了完整的前后端分离，所有数据的处理逻辑均在后端实现，降低了前端的开发难度。前后端使用 JSON 的数据格式，通过 REST API 规范进行交互。

（4）服务之间采用基于 AMQP 协议的消息队列进行通信，进一步降低了服务间的耦合度，同时具备快速、灵活、可靠的服务间通信能力。

（5）在社区服务中使用内存数据库 Redis 来存储帖子和回复帖的点赞数据，提高了该部分数据的处理效率。

（6）使用基于 Lucene 的 Solr 引擎作为全文检索引擎，快速高效地实现社区帖子、用户、组织等对象的全文检索。

（7）在发现页提供了动态的功能入口，可以在不更新应用版本的情况下上线新功能，并借助应用内记录的用户身份与服务器进行通信，实现身份验证，并使用应用系统内的数据。

（8）Android 客户端中部分特性使用了最新的 Material Design 设计规范，交互更加友好。

（9）组织通知模块，用户可以自行创建组织或者搜索组织加入，群发通知、已读反馈、提问等功能，业务逻辑复杂，实现难度较高。

（10）社团报名功能，用户可以通过 NEUQer 进行社团、部门、学生组织、大型活动的报名工作，并且不需要重复填写用户的基础信息。提前录入基础信息后即可实现一键报名，大大降低了报名时的工作量。同时在报名结束后，管理员可以通过后台统一导出个人报名表、报名汇总表等数据，极大简化了组织者处理报名数据的工作，大大降低了工作量，提高工作效率。

现场活动"消息墙"服务及弹幕服务，大大增强了现场活动的交互性和趣味性。同时可以基于活动期间的交互数据开展现场抽奖等活动。

2．特色分析

（1）结合本地化特点，为在校学生定制的移动端平台，满足高校大学生日常生活的需要，让本校学生爱不释手。

（2）组织群发通知，分班级和专业群，保证老师和学生之间即时通信，并提供确认反馈和提问功能，保证消息送达。

（3）接入图灵机器人客服，吸引用户，并提高用户活跃度。

（4）社团报名 ID 系统及比赛报名 ID 系统。极大地减少了组织活动。

作品10　有伴

获得奖项　本科组一等奖

所在学校　河北工业大学

团队名称　SUPERGEEKS

团队人员及分工

安骄阳：组长，界面布局设计，主要功能实现。

马光明：组员，主要功能实现。

陈秀林：组员，实现功能，设计文档。

张文娇：组员，设计文档，测试软件。

陈万全：组员，测试软件，后台开发。

指导教师　刘靖宇

作品概述

"有伴"是一款基于健康的交友软件，用户可以把自己的今日状态（我的步数，跑步里程，睡眠时间）、自己的感受和图片分享出来。"有伴"的圈子和排行榜利用人们爱刷动态以及对数字敏感的心理，既改善了以往健康软件不能使用户坚持下来的状况，又能够增进好友之间的感情。

"有伴"既可以使用户交到喜欢运动与关心健康的朋友，又可以使本来已经是好友的有了更多可聊的话题。假如你的今日状态在某一天不是很好，好友看见后可能会关心、安慰你。所以"有伴"能够极大促进好友之间的感情。

"有伴"可以使用户真正地把运动当做一种乐趣，扩大用户的交际范围，增进人与人之间的感情，提升人与人之间基于健康的关心程度。

作品可行性分析和目标群体

1. 可行性分析

由于社会快速的发展，许多人都在过着快节奏的生活，因此忽视了健康，据世界卫生组织报道，健康的人占总人群的 5%，被确诊患有疾病的占 20%，处于亚健康状态的约占 75%。正是因为健康问题的出现和人们对健康的重视，所以与健康有关的软件随之出现很多，但是一般的健康软件，只注重了运动锻炼、健康监测与一些建议，而忽略了用户在独自锻炼中的枯燥感，使用户不能长期坚持下去。虽然有些健康类型的软件可以把自己的运动情况分享到 QQ、微信平台，但是分享的内容单调，不能得到好友的关注。因为不是每个人都喜欢锻炼，所以用户独自坚持时，往往会放弃使用。"有伴"这里有好友的陪伴，大家相互激励，相互促进，相互关心，极大地加强了用户锻炼的积极性。

现在交友软件众多，为人们所熟知的有 QQ、微信、陌陌等，但是这种软件主要依靠语言、文字交流，不能体现以"健康"为主题的思想。"有伴"是一个基于健康的交友软件，迎合了当今主题。

2．目标群体

"有伴"是一款基于健康的交友软件，所以"有伴"将吸引热爱锻炼的人。

此外可使用户结交到一些热爱运动的人，所以"有伴"既适用于爱运动的人，也适用于爱交友的人。

"有伴"是一款为想运动而独自坚持不下去的用户所设计的软件。

当人们无事可做，以小游戏消磨时光时。"有伴"可以代替小游戏，使人运动起来来消磨无聊的时光.因为有排行，所以能够大大激发使用者的欲望。因此，"有伴"能够成为无事可做人玩游戏的另一种选择。

现如今有 75%的人处于亚健康，而且分布在青少年到老年各个年龄段，所以任何年龄阶层的人都可以使用"有伴"。

作品功能和原型设计

1．功能概述

功能项目	功能描述
计步功能	当用户行走时，本软件会对用户在一天之内所移动的步数进行监测记录，可后台运行，也可关闭
里程统计	用户跑步的时候，本软件会对用户当天所跑的距离进行统计计算，得出用户一天的跑步里程
运动轨迹	用户进行跑步的时候，本软件通过百度地图 API 实现对用户的定位和对用户运动轨迹的绘制
睡眠监测	根据监测用户使用手机的情况，记录用户每天的睡眠时间。当用户晚上八点以后，记录最后使用手机时间，当第二天第一次解锁手机计算昨晚睡眠时间

续表

功能项目	功能描述
好友排行榜	对用户好友进行排名,其中包括用户当天所走的步数的排名;用户当天所走里程的排名;用户一天内的睡眠时间的排名
今日状态	今日状态包含用户一天之内的步数,跑步里程和睡眠时间
圈子	圈子包含所有人,好友,我的。用户们可以在圈子中查看使用本软件的用户与好友的状态信息,进行点赞和评论。查看好友跑步的运动轨迹
手动分享	用户可以自己将当天的状态信息、自己想说的话、图片分享到圈子里,并且可以设置是分享到哪个圈子(所有人,好友)里
自动分享	当用户忘记将自己今日的状态信息(步数,里程,睡眠时间)分享到圈子里时,本软件会将用户当天的今日状态的信息自动分享到圈子里。如果用户不想分享,就可以关闭自动分享功能
同步运动信息	当用户只想更新自己的状态信息(步数,里程,睡眠时间),不需要分享新的信息到圈子时,可以下拉今日状态界面,同步自己的状态信息(步数,里程,睡眠时间)到服务器
历史记录	包含用户之前所有的状态信息(步数,跑步里程,睡眠时间)
好友交互	用户可以给好友发送一个抖动时捎一句话和在圈子里给好友评论和点赞
查看好友状态	在我的好友这项,可以查看好友的状态,是否在使用手机
表情导入系统	实现手机表情导入到数据库,程序会对目标文件夹自动检索,将图片信息保存到数据库,并在我们生成的文件夹里面备份,备份过程是为了防止内存消耗,我们进行了一定的缩略,通过上述方式将手机外部图片导入到程序环境
表情管理模块	表情的管理系统涉及表情和表情文件夹的删改,表情存放在表情文件夹中,可以将表情在表情文件夹中自由的移动,可以更改表情文件夹的名称,对于不喜欢的表情或者表情文件夹,可以从程序环境中删除
表情标签模块	用户可以为自己的表情添加一个或者多个标签,对于添加过的标签用户可以更换标签,整个软件的检索是通过标签来实现的
标签管理模块	软件在最初安装的时候有一些预置的标签,用户可以添加自己喜欢的标签,怎么写都可以。用户也可以将不喜欢或者不常用的标签删掉
检索系统	检索系统分成四个模块,文字检索,语音检索,历史检索,常用检索。文字检索要求用户输入表情的标签,通过标签从数据库中检索。语音检索要求用户输入语音,语音中包含目标标签,程序会从用户语音中找到对应的标签文字再进行文字检索。历史检索会将用户的表情最近使用的表情按时间逐个排序,用户根据使用次序来寻找表情。常用检索会将系统中的表情按照使用次数进行排序,找出最常使用的 30 张表情并逐个排序

注:详细功能请见视频短片

2. 原型设计

实现平台：Android4.0 及以上系统。

手机型号：适用于 Android 操作系统的智能手机。

图 1 为注册界面，图 2 为导航界面。

图 1 图 2

图 3 为我的今日状态与排行榜，图 4 为今日状态等信息分享到圈子。

图 3 图 4

我的好友可以进行聊天，查看好友状态，如图 5 所示，跑步功能及运动轨迹，如图 6 所示，历史记录，如图 7 所示。

图 5

图 6

图 7

作品实现、特色和难点

1. 作品实现及难点

（1）作品实现

本软件的跑步里程、运动轨迹是基于百度地图 API 的支持来实现的，睡眠时间测定需要通过后台服务实时监测手机状态来实现。本软件的网络数据存储使用了 Bmob 移动后端云服务平台。

（2）难点

绘制用户跑步时的运动轨迹，需要用到百度地图 API 来实现；计步精度，实现时，经反复测试调整加速度传感器精度和算法，尽可能符合人体走路规律。

2．特色分析

"有伴"可以使用户健康、友谊双丰收。

"有伴"是一款基于运动，促进好友感情的软件。

首先，计步、跑步里程和睡眠时间监测这些功能可以使用户提高自己的身体素质，远离亚健康。

其次，好友排行榜的功能可以利用人们对数字敏感的心理起到激励用户锻炼的作用。

最后，"有伴"利用人们爱刷动态的心理，增加了功能圈子，用户能够通过圈子查看好友状态以及和好友交互，让别人更关心自己，也让自己更关心别人，这将极大地促进好友之间的感情。

作品11　空气保卫战

获得奖项　本科组一等奖
所在学校　华北理工大学
团队名称　华理二队
团队人员及分工
　　　　　罗星晨：模型制作、素材选择、游戏策划、特效处理。
　　　　　王淳鹤：场景搭建、骨骼动画制作、脚本编写、布局设定。
指导教师　吴亚峰　刘亚志

作品概述

　　"空气保卫战"的立意与内容是我们开发团队经过多次会议讨论确立的。智能手机的遍及使手游具有庞大的玩家基础和强大的影响力，并且环境保护的问题也成为当今社会发展的一项重要课题，这些促成了我们开发这款3D手机游戏。

　　本款游戏以空气为主题，通过游戏以达到呼吁环境保护的效果。玩家在游戏中控制角色躲避工厂关卡，寻找任务物品，关闭工厂污染源。游戏效果真实，可以体验到重度污染的工厂的真实效果，使人身临其境。

　　同时还呼吁人们保护空气，保护环境。本游戏将紧张的游戏情节与空气保护的主题结合起来，使玩家在游戏的过程中认识到污染的危害。游戏通关也就净化了环境，达到寓教于乐的效果。

　　本款游戏的可操作性较高，玩家可以在本款游戏中体验到的紧张刺激的游戏情节，同时结合游戏中真实的视觉特效以及真实的游戏音效，使玩家体会到动作解谜游戏的乐趣。

作品可行性分析和目标群体

1. 可行性分析

　　空气保卫战这款游戏自开始开发直到现在，已经开发了好几个版本。出于游戏界面的简洁美观，我们将游戏背景过多的渲染和相关设置进行了简化，这一点节省了很多时间。

在游戏关卡设计完成后，我们也对游戏的关卡进行了专业性的测试，测试完成后，将游戏的难度作了适当的简化，使关卡难度保持适中，这也花费了一部分时间。

在开发这款游戏之前，我们对 Unity3D 已经学习了一段时间，因此，我们决定使用 Unity3D 作为这款游戏的开发工具。在开发过程中遇到的问题并不是很多，同时对人物的骨骼动画也有过一段时间的学习，而学习到的那些知识也足以满足我们开发这款游戏。

2. 目标群体

由于本游戏情节紧张刺激，特效真实动感，所以本游戏所适用的目标群体有如下两类人群。

（1）有游戏兴趣爱好的年轻人群，比如在校学生，通过手机游戏达到娱乐消遣的目的。该类人群具有知识水平较高、生活节奏稳定、消费行为感性等特点。

（2）有一定工作压力的公司白领，在工作闲暇时间通过手机游戏达到娱乐的目的。该类人群具有闲暇时间零散、消费行为感性等特点。

鉴于这两类人群的特点，可以很好地推广此款游戏，以达到呼吁环境保护的作用。

作品功能和原型设计

1. 功能概述

功能名称	功能描述
菜单功能	本款游戏的菜单模块采用 Unity3D 自带的 UGUI 绘制，具有动态性、高交互性和高操控性，大幅度提高了游戏的体验效果
视角切换功能	本款游戏具有视角切换功能，在游戏开始后可以通过视角切换按钮切换第一人称与第三人称视角，玩家可以选择自己喜欢的视角进行游戏
帮助演示功能	本款游戏的帮助菜单具有半自动的演示功能，点击进入菜单后游戏人物会自动前进，躲避关卡，并且还有标签提示玩家
多点触控功能	本游戏具有多点触控功能，玩家可以通过双手同时操作游戏角色，控制角色的行走和角色朝向
设置功能	本款游戏的设置功能将背景音乐和游戏特殊音效分开控制，玩家可以单独的打开或者关闭其中的任何一项，也可以选择全部打开或者关闭

2．原型设计

游戏实现平台：Android。

屏幕分辨率：自适应屏幕分辨率。

手机型号：Android2.3 及以上的手机或平板电脑。

"空气保卫战"的作品截图和界面说明如下。

（1）主菜单界面

主菜单界面要求简洁美观，并且能够体现游戏的主体风格。我们使用 3D
模型搭建了一个处于空气重度污染中的工厂作为主菜单背景，并制作了腐朽的
钢铁效果的文字作为标题，如图 1 所示。

图1

（2）选关界面

选关界面需要着重体现关卡的特点以及任务要求，为此我们决定使用游戏
中的实景截图作为插图，并配以文字叙述来加以说明，如图 2 所示。左半部分
为实景截图，右半部分为关卡一的任务介绍，玩家可以查看介绍，更好地完成
任务。

（3）帮助界面

在主菜单界面点击帮助按钮会进入帮助界面，如图 3 所示。为了实现更加
富有科技感的效果，我们将帮助界面设置为自动模式。每一步会有提示，玩家
只需点击下一步按钮即可向前行进。

图 2

图 3

（4）加载界面

在不同场景转换的时候，需要切换到加载界面，如图 4 所示。此界面会在游戏进行加载的时候自动进入，界面背景为工厂远观图，这样更加符合主题，并且可以帮助玩家更好地了解并完成游戏。

图 4

（5）剧情介绍

玩家进入游戏界面后，首先看到的会是游戏的剧情介绍，如图 5 所示。通过剧情介绍玩家可以对游戏背景有一个大致的了解，单击确定按钮就可以正式开始游戏。

图 5

（6）游戏界面

在设计游戏界面的时候，我们考虑到游戏界面要使玩家能够直观地观察到游戏人物的状态变化，如图 6 所示。界面中面板部分能会直观的显示出游戏进行的时间和人物血量。按钮部分有视角切换按钮、游戏暂停按钮、道具背包按钮等。

图 6

作品实现、特色和难点

1. 作品实现及难点

（1）空气保卫战以保护空气环境为主题，旨在玩家放松娱乐的同时能够对环境污染问题更加关注，寓教于乐。游戏中玩家可以操控游戏角色自由移动，在工厂中躲避障碍和机关，并且能够察觉场景中的隐藏道具，将其获取帮助玩家通关游戏，最后达成所有的任务条件，成功关闭工厂污染源取得胜利。

（2）骨骼动画的开发，游戏角色会对玩家不同的操控行为做出相应的动作也是本游戏的特色之一。为了实现第三人称视角下人物模型的动态效果，传统的 3D 模型已经不能满足这一要求，我们查阅了相关的书籍，最终利用骨骼动画来实现玩家形象，经过一段时间的学习和实验，终于能够达到设想的效果。

（3）自适应技术的开发，目前使用 Android 系统的设备品牌繁多，每年都会有大量新机型诞生。不同机型的分辨率和硬件配置都会有所不同。为了能够使游戏在多种设备上都能运行，我们在屏幕分辨率自适应和兼容性方面也研究了一段时间，最终开发出一套多分辨率屏幕自适应技术，这样该游戏就可以在任何分辨率的设备上正常运行了，游戏的兼容性也就有了极大的提升。

（4）粒子系统的使用，为了配合剧情的发展，我们需要开发出真实的浓雾效果，原先我们打算通过贴图变换来实现，但效果不如人意，在查阅了大量的资料之后，我们发现通过使用粒子系统可以做出逼真的效果，在经过不断地摸索之后，我们终于在熟练掌握粒子系统的原理和使用的前提下，配合游戏的整体特色，开发出了一整套与游戏风格相匹配的粒子系统。

2．特色分析

空气保卫战具有较高的游戏性，以生活中与我们息息相关的环境问题为主题，游戏具有画面精美、操作流畅、操作简单等特点，具体如下。

（1）运用着色器。

本开发小组考虑到游戏的难度较高，在多数情况下玩家极易忽略一些细小的物品造成任务的无法进行。如果短时间内玩家无法顺利解决，那么会使玩家内心变得急躁，不利于游戏的进行。所以在游戏中，我们对游戏中的关键任务物品使用了着色器语言实现了高亮效果，让道具能够更加容易的吸引玩家注意。

（2）使用 UGUI 插件绘制游戏界面。

本游戏中具有大量的 UI 界面例如游戏设置界面、选关界面、关于界面、背包界面等。我们制作了一套适合本游戏风格的 UI 美术素材，并且在游戏中我们实现了 3D 物品与 2D UI 界面的混合搭配。使得本游戏的 UI 界面不同于传统的 2D UI 界面，更加富有动感。

（3）动态帮助教程。

为了玩家能够更加快速的上手这款游戏，我们放弃了传统的图片帮助模式，这种模式不够直观也不会引起玩家的兴趣。所以我们制作了帮助场景，在帮助教程中游戏会有 UI 界面提示，帮助玩家了解界面，并且系统会自动操控角色完成转向、移动等简单操作，让玩家更清楚地明白操作方式。

（4）多点触控的应用。

空气保卫战这款游戏支持多点触控，玩家可以实现双手同时操作游戏中的角色，极大地提高了角色的可操作性，同时玩家也可设定游戏摇杆的灵敏度以适应不同玩家的操作习惯，极大程度上提高了这款游戏的可玩性。

作品12　雷鸣战机

获得奖项　本科组一等奖
所在学校　华北理工大学
团队名称　华理三队
团队人员及分工

　　　　　　甘　锦：脚本编写、模型制作、特效处理、骨骼动画制作。

　　　　　　高　鹏：场景搭建、游戏策划、素材选择、布局设定。

指导教师　吴亚峰　侯锁霞

作品概述

　　如今，随着手机移动终端的飞速发展，移动设备成为人们日常出行，学习，娱乐必不可少的一部分。移动手持设备在模拟现实方面的技术日趋成熟，使得我们可以在移动手机终端上体验到绚丽夺目视觉冲击和立体体验。正是这些技术的发展，让移动终端的游戏开始风靡全球。

　　我们相信，人们一定看过很多关于飞机空战类型的电影，里面绚烂夺目的飞机大战一定会给我们留下深刻而又难忘的印象。各式各样的炮弹，惊险刺激的飞机对战，会让人联想到假如自己是那个飞行员的场景。基于人们的需求，我们开发了一款名为雷鸣战机的游戏。本款游戏，是基于 Cocos2dx 引擎打造的一款飞机对战类型的游戏。操作性较高，玩家可以通过手指的触控来控制飞机的移动来躲避敌方的炮弹以及拾取对自己有利的物品。同时，真实的画面特效和让人为之振奋的音效，是玩家在茶前饭后消遣时间的最好方式之一。

　　本款游戏是以飞机大战为主题，时时刻刻让玩家体验到梦寐以求的飞机大战体验。通过飞机大战来闯关，来赚取金币，升级自己的战机和买更好的战机，让玩家在身心疲惫闲暇之余，有着惊心动魄的体验。

作品可行性分析和目标群体

1. 可行性分析

这一款游戏基于 Cocos2dx 引擎开发，在游戏的开发中，我们遇到了许许多多的问题，针对不同的问题，我们也付出了许多的努力，希望能收到该游戏软件用户的反馈和建议。可行性分析我们大概从技术可行性，操作可行性和经济可行性三个方面进行分析。

（1）从技术可行性看，在本款游戏中，我们用骨骼动画，帧动画，自动寻找目标，粒子系统以及联网等技术，对游戏的场景和 UI 界面进行了渲染，从而让玩家可以有一个更好的视觉体验，使玩家更好地了解和操控游戏，更快的上手，然后享受战机歼灭敌机的爽快感觉。

（2）从操作可行性看，我们采用时下流行的多点触控和重力感应相辅相成的操作方式，以满足不同玩家对于游戏操控的偏好需求，使玩家能够身临其境的体验游戏，方便操作，体验感受上乘。

（3）从经济可行性看，随着人们生活水平的不断提高，人们对精神生活水平的要求也随之提高。而手机游戏已经成为当前人们娱乐生活中必不可缺的一部分，这便有了本款游戏的诞生，给玩家带来爽快的游戏体验。

2．目标群体

这款游戏的目标群体主要为爱好手机游戏的年轻人，如在校学生、年轻白领等。

作品功能和原型设计

1．功能概述

功能名称	功能描述
菜单功能	这是基于 Cocos2dx 设计的 UI 界面，在这里提供了"游戏开始"，"战机强化"，"游戏帮助"等三个选项
联网功能	这一款游戏可以进行单机担任对战，同时，还可以进行双人联网对战，使得本款游戏的趣味性更高
帮助功能	本款游戏将游戏的每一个界面做成了一个六面的棱柱，玩家可以通过手指的移动使得棱柱旋转，从而全方位的了解游戏
选择战机功能	本款游戏为玩家提供了多款战机，玩家可以根据自己对于战机的喜好选择适合自己的战机
战机强化功能	本款游戏针对战机的攻击力，血量，侧翼导弹提供了升级的功能，让玩家拥有更好的战机去闯关
重力感应及触控功能	本款游戏提供了重力感应和触控两种方是来操控战机，让用户可以体验到不同的游戏操控模式

2．原型设计

游戏实现平台：Android。

屏幕分辨率：自适应屏幕分辨率。

手机型号：Android2.3 及以上的手机或平板电脑。

"雷鸣战机"的作品截图和界面说明如下。

（1）游戏菜单界面

怎么让游戏在玩家进入是更加吸引人，更加让人难忘？这一直是我们在设计游戏界面时值得思考并直至都在思考的问题。基于我们对此次游戏设计的想法，我们对现如今市场上游戏界面模式的研究以及我们做出的游戏成果，以下是我们设计的想法成果。

当玩家点击游戏图标后，首先进入的场景是游戏的菜单场景，首先玩家看到的是主菜单界面，在主菜单界面有游戏开始按钮，战机强化按钮和游戏帮助按钮，如图 1 所示。玩家游戏开始按钮，会出现是否联网的界面，如图 2 所示。

图1   图2

当玩家点击机游戏，则进入了选择关卡界面，如图 3 所示。玩家点击战斗按钮，进入到了选择战机界面，可以通过手指触控进行选择战机，如图 4 所示。

当玩家点击战机强化按钮，进入了战机强化的界面，玩家对自己喜欢的战机进行升级，如图 5 所示。玩家点击游戏帮助按钮，进入了游戏帮助界面，如图 6 所示。

图 3

图 4

图 5

图 6

　　玩家可以通过手指左右的触摸屏幕，使帮助界面旋转，并通过双击屏幕，使其放大或缩小，如图 7 所示。最后就是设置界面，可以在里面选择操控方式机灵敏度，如图 8 所示。

图7　　　　　　　　　　　　　　图8

（2）游戏关卡界面

我们在参考市场上这种飞机类型的游戏后，设计出了雷鸣战机的游戏界面。

当玩家在选择战机界面点击战斗按钮进入游戏界面，如图9所示。同时，玩家可以通过点击右下角的按钮来释放保护罩防止敌方攻击，如图10所示。

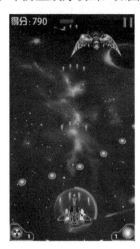

图9　　　　　　　　　　　　　　图10

玩家还可以点击左下角的按钮，释放大招，如图11所示。玩家还可以点击右上角的按钮，暂停游戏，进入菜单选项界面，如图12所示。

图 11   图 12

最后,当游戏失败时,出现游戏失败界面,如图 13 所示。点击重新开始进入游戏选关界面,如图 14 所示。

图 13   图 14

作品实现、特色和难点

1. 作品实现及难点

当我们在开发这个游戏的同时,遇到了许许多多的难点,接下来,讲讲我们游戏开发时的难点以及功能的实现。

（1）雷鸣战机整体环境围绕太空，拦截敌机对地球的侵略。玩家通过简单的触屏操作或者重力感应，即可全方位移动战机自动攻击敌人或者躲避弹幕，击败全部敌人即可取得胜利。

（2）骨骼动画的制作，开发雷鸣战机这款游戏之前，游戏中需要的战机动作的制作对我们来说是一个看起来十分困难的任务，而在正式开始开发这款游戏的过程中也确实困扰了我们一段相对较长的时间。

（3）如何实现两台手机通过联网，使用 socke 保持长连接，来保证两台手机同时游戏进行实时交互，并且数据实时共享同时显示在各自的界面上是一个十分令人苦恼的问题。

屏幕的自适应问题，目前，Android 系统的设备品牌众多，各式各样的机型有其不同的分辨率，如果针对每一个机型都设置一个分辨率，那将是一个特别浩大的工程，考虑到这一现象，我们在开发的过程中要实现让每一个场景中的界面能够自动适应各种分辨率的想法。

2．特色分析

区别于我们在市场上看到的游戏，在市场上战机类游戏特色的基础上添加了一些我们自己的特色。

（1）雷鸣战机这款游戏是一款可玩性非常高的游戏，画面精美、夺目、运行流畅。

（2）采用了大量的 3D 模型及骨骼动画。在雷鸣战机这款游戏中，几乎所有的 3D 飞机精灵都是用 3D 模型和骨骼动画。在 2D 的场景里面，加上 3D 飞机的模型，让这个画面更加逼真、炫美，使得游戏的可玩性大大提高。

（3）使用特色的 UI 绘制界面。在雷鸣战机这款游戏中，UI 界面十分精美。既有朴素的 2D 界面，也有华丽的 3D 界面，同时，也有 2D 界面和 3D 混合界面，朴实的界面里面不乏精美，精美中又带有一丝丝朴实，给予人们极大的视觉冲击。

（4）粒子系统的应用。在雷鸣战机中，UI 界面，飞机，炮弹上都带有粒子系统。粒子系统的应用，使得游戏的内容更加丰富，画面个更加细致，可玩性更高。丰富的粒子系统，成为了这款游戏的一个亮点之一。

（5）多人联网对战。在雷鸣战机中，为了避免一个人在玩游戏时的枯燥，我们提供了联网对战的功能。本游戏通过两个人手机的连接，可以达到双人对战的目的，进一步提高了游戏的可玩性，使得玩家在玩游戏时更加自由。

（6）触控功能及重力感应的使用。在雷鸣战机中，玩家不仅可以通过指尖触控屏幕的方式来控制飞机，还可以通过移动设备的重力传感武器，遥控手机来达到控制飞机的目的。多样化的娱乐方式，使得游戏内容更加丰富，更加多样化，可玩性更高。

作品13　U-safe

获得奖项　本科组一等奖
所在学校　山西大学
团队名称　奔跑的蜗牛
团队人员及分工
　　　　　　王鑫鑫：软件总体架构设计、五种手机防盗模式的实现。
　　　　　　张玉君：文档编辑、软件测试、远程控制的实现。
　　　　　　刘鹏睿：快捷键求救以及录音录像的实现、服务器的搭建。
　　　　　　茹孟凯：UI 界面的设计和优化、辅助求救方式的实现。
　　　　　　路雨澄：视频制作与剪辑、Logo 的设计。
指导教师　高嘉伟

作品概述

　　2014 年以来，女大学生失联、遇害的案件频频发生。这些事件让我们陷入沉思，在提高其自我保护防范意识的同时，是否可以利用随身携带的智能手机在遇到紧急情况时向外界快速、隐秘地发出所处地理位置、周围环境等求助信息。此外，由于用户可能把重要的视频、照片、通信录以及绑定银行卡等信息存储于智能手机内，因而智能手机一旦丢失，不仅仅是个人财产的损失，还将可能给用户带来隐私泄露的风险，对其工作、生活带来很大困扰。

　　因而，针对以上人身安全和手机安全两方面的问题，我们设计并开发了一款基于 Android 平台的生活服务类软件 U-safe。U 取自 Ubiquitous，并与 safe 用短横线相连接，意为无处不在的安全。同时 U 又是 you 的谐音，指代手机用户；safe 既指用户的人身安全，也代表手机和手机内用户隐私的安全。

　　对于用户的人身安全，目前市场上已有的求救软件大部分实现了将用户的地理位置信息发送至紧急联系人。但仅通过发送 GPS 定位信息的求救方式比较单一，救援人员无法快速判断出用户所处的具体环境。为此，我们在该功能的基础上，进一步实现了快捷键自动求救，从而让求救变得更加快捷有效。在遇到危险时，用户可通过快捷键开启隐秘录像，录制完成后自动上传视频文件至指定服务器，并将网络链接以短信的方式发送至紧急联系人，帮助用户在遇到危险的第一时间向紧急联系人发送有效求救信息。此外，用户可根据自身情况选择来电自动接听或挂断作为辅助求救方式。

在手机以及手机内隐私的安全保障方面，目前市场上使用较为广泛的是用户发现手机丢失后，通过远程发送指令到手机，实现远程控制的防盗方式。但该方式只能是在用户发现手机丢失后采取的补救措施，并不能在手机被盗的第一时间有效提示用户。针对以上问题，U-safe软件从智能手机自带的传感器件出发，充分利用智能手机自带的多种传感器，实时采集并分析从周围环境获取的参数信息，判断是否应该发出警报提醒用户，实现了手机的即时防盗。其中，在通过加速度传感器输出值判断手机状态的过程中，设计了三轴加速度从手机坐标系到参考坐标系的转换算法，以提高判断结果的准确性。

综上所述，U-safe是一款具有广泛普适性的生活服务类软件，主要适用于女大学生等弱势群体以及需要加强手机安全保障的用户，因此具有良好的应用价值和广阔的市场前景。

作品可行性分析和目标群体

1. 可行性分析

（1）功能可行性

对于遇险求救功能，目前市场已有的相关软件大部分实现了将用户的地理位置信息以短信形式发送至紧急联系人，但由于使用定位信息求救的方式单一，且救援人员并不能快速确定用户的准确位置以及周边环境。因而，我们在定位求救功能的基础上，实现了快捷键自动求救。用户可通过快捷键启动隐秘录像，录制结束后文件将自动上传至指定服务器，并在上传完成的第一时间将获取到的下载链接发送至紧急联系人。通过定位求救提供的地理位置信息和音频视频文件的结合，可为用户提供更加全面有效的求救信息，帮助用户尽快获救。此外，所录制的音视频文件也可为警方提供一定的破案证据等。

对于手机防盗功能，区别于360手机安全卫士等软件，手机丢失后通过追踪手机位置、锁定手机、删除手机数据等多种远程控制将手机找回的方式，U-safe软件利用智能手机自带的多种传感器，可在传感器输出值的变化满足报警条件的第一时间发出警报提醒用户，以降低手机丢失和隐私泄露的风险。同时也实现了远程控制功能，对手机进行双重保护。

（2）技术可行性

U-safe 软件采用 Java+Eclipse+Android 模式进行开发。软件服务器使用第
三方平台 Bmob 以及新浪微盘，用户登录后可将手机内的图片和音视频等文件
上传至服务器。并且在软件的实现过程中，还集成了 QQ、微信和百度地图等
第三方平台提供的 SDK。另外软件中的许多功能都调用了智能手机自带的硬
件，例如加速度传感器、距离传感器、环境光传感器、方向传感器、闪光灯、
后置摄像头、扬声器等。各种传感器在手机防盗模块中使用尤为频繁。

2．目标群体

U-safe 软件几乎是面向所有用户群体的，具有广泛普适性。

其中，遇险求救功能主要适用于女大学生、年轻女性等弱势群体。近来，
关于大学生失联、落入传销组织等事件的新闻层出不穷。在意识到自己陷入危
险后，如何能够在第一时间将自己所处的地理位置以及周围环境信息隐秘及时
地发送至紧急联系人成为用户关注的首要问题。在 U-safe 软件中，用户可通过
快捷键启动隐秘录像，录制结束后文件将自动上传至指定服务器，并在上传完
成的第一时间获取下载链接发送至紧急联系人。

手机防盗功能主要适用于手机内隐私信息较多，需要加强手机安全保障的
用户。伴随着智能手机在日常生活中的广泛应用，手机防盗的重要性日益突出。
智能手机一旦丢失，不仅仅是用户个人财产的损失，还将给用户带来隐私泄露
的风险，可能对用户工作、生活带来很大的困扰。U-safe 软件中的手机防盗模
块能够调用手机自带传感器，获取并分析传感器输出值，以简洁明了的方式帮
助用户有效保护手机的安全。

作品功能和原型设计

1．功能概述

U-safe 包含四个模块，分别为服务器模块、遇险求救模块、手机防盗模块
和设置模块。软件的功能模块图如图 1 所示。

图 1

（1）服务器模块

服务器模块由 U-safe 服务器和新浪微盘服务器两部分构成。登录后，用户均可将本地文件上传至服务器。但在 U-safe 软件中，两种服务器在具体使用上存在一定的差异，用户可根据具体需要，选择合适的服务器登录。

若登录 U-safe 服务器，用户可隐秘快捷上传求救音视频文件至服务器，同时可授权软件自动获取 GPS 定位信息并上传至服务器。后期我们可以利用相应的机器学习算法，针对用户不同时段的 GPS 定位信息进行分析，得出用户的日常生活轨迹，预测用户的活动范围。若用户的地理位置信息发生异常时，软件会及时通知用户预设的紧急联系人，从而进一步提升遇险求救的有效性。

若登录新浪微盘服务器，用户可隐秘快捷上传求救音视频文件至服务器，同时紧急联系人可以获取已上传文件的下载链接并下载已上传的文件，从而为家人或警方提供救援线索。

（2）遇险求救模块

遇险求救模块主要包括录音录像、定位求救、来电接听、一键省电和自救工具五大功能，为用户提供更加快捷的求救方式，其功能模块图如图 2 所示。

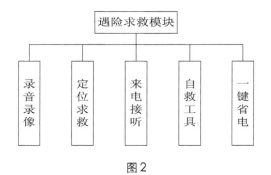

图 2

①录音录像。若用户遇到危险时已登录服务器，可通过连续按两次下音量键快捷启动录像功能，隐秘拍摄现场环境，拍摄完成后视频将自动上传至服务器，并发送视频的下载链接至紧急联系人。若用户遇到危险时未及时登录服务器，可手动录制音视频文件，并将音视频文件通过 QQ 或微信发送至好友。

②定位求救。利用 GPS 定位技术获取当前所处的地理位置信息，并可在集成的百度地图中显示。用户可通过按一次下音量键将自己的地理位置信息以短信方式发送至预先设置的紧急联系人。

③来电接听。用户可选择所有来电自动接听或自动挂断。用户可在实际情

况中结合自身情况选择一种最有利的自救辅助方式。

④自救工具。不仅包括手电筒、闪光灯、指南针等生活必备工具，还为用户提供了常用的自救常识。

⑤一键省电。当用户长时间陷入困境又无法为手机补充电量时，一键省电功能可自动为用户关闭后台运行服务并将手机屏幕亮度调至最低，以尽可能节省手机电量。

目前，遇险求救模块已获得一项计算机软件著作权登记，登记号：2015SR195004。

（3）手机防盗模块

手机防盗模块不仅包括基于智能手机自带传感器的移动、光感、距离、耳机和充电五种防盗模式，还包括基于手机短信截获技术的远程控制功能，为用户手机提供全方位的呵护，其功能模块图如图3所示。

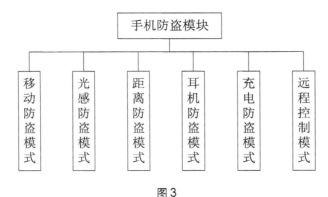

图3

①移动防盗模式。

主要调用手机自带的加速度传感器，可在三轴加速度值的变化满足一定条件时发出警报提醒用户。

由于加速度传感器在某一时刻输出的加速度值对应该时刻的手机自身坐标系，且没有去除重力的影响，在变化的手机坐标系下无法给出一个固定的阈值作为判断标准。为了客观统一地判断手机的运动状态，我们设计了三轴加速度从手机坐标系到参考坐标系的转换算法，并与参考坐标系下的统一标准进行对比，以提高判断结果的准确性。

假设在某一时刻，参考坐标系和手机坐标系如图4所示，参考坐标系（$OXYZ$）是标准坐标系；手机坐标系（$OX'Y'Z'$）表示是手机在该时刻状态，X'

轴沿着手机的短边，Y'轴沿手机的长边，Z'轴指向屏幕正面之外，即屏幕背面是Z的负值。

图4所示的手机坐标系可看作是参考坐标系以逆时针为正方向，依次绕Z、Y、X坐标轴旋转一定角度后得到的。利用重力加速度g在手机坐标系的X'、Y'、Z'三个轴上分量$g_{X'}$、$g_{Y'}$、$g_{Z'}$和四元数算法，可计算得出任意时刻的坐标转换矩阵C,再通过公式$A_r = CA_m$将手机坐标系中的加速度A_m投影到参考坐标系下，得到A_r,以进一步判断手机的运动状态。

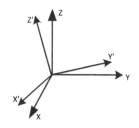

图4

$$qA_mq^* = CA_m \tag{1}$$

通过公式（1）可确定出由手机坐标系到参考坐标系的坐标转换矩阵C。其中，四元数q表示参考坐标系到手机坐标系的旋转，即

$$C = \begin{bmatrix} q_0^2 + q_1^2 - q_2^2 - q_3^2 & 2(q_1q_2 - q_0q_3) & 2(q_1q_3 + q_0q_2) \\ 2(q_1q_2 + q_0q_3) & q_0^2 - q_1^2 + q_2^2 - q_3^2 & 2(q_2q_3 - q_0q_1) \\ 2(q_1q_3 - q_0q_2) & 2(q_2q_3 + q_0q_1) & q_0^2 - q_1^2 - q_2^2 + q_3^2 \end{bmatrix} \tag{2}$$

因为手机具有大小为 9.8m/s2 的重力加速度，所以在实际利用参考坐标系下的加速度A_r判断手机运动状态时应去除重力加速度的影响，即

$$A = A_r - G = CA_m - G \tag{3}$$

其中，$G = [0,0,g]^T$即在参考坐标系下的重力加速度。

移动防盗模式主要适用于图书馆、餐馆、酒店等公共场所。一些用户可能将手机遗落在桌子上，若此时有人拿起手机，那么可以利用加速度传感器的输出值A_m,通过公式（3）得到参考坐标系下的加速度A,并判断此加速度是否大于某一预设阈值，从而决定手机是否发出警报提醒用户。

②光感防盗模式。

利用了环境光传感器，当输出的光照强度值发生明显变化时发出警报提醒用户。

在判断手机周围环境光线变化时，用ΔE表示光照强度，则有

$$\Delta E = E_{t+\Delta t} - E_t \tag{4}$$

其中，$E_{t+\Delta t}$和E_t分别表示在$t + \Delta t$、t时刻光线传感器接收的光照强度。

光感防盗模式主要适用于光照强度可能变化明显的场合。例如用户在光照

充足的环境开启该模式后，将手机装入口袋，如果环境光传感器检测到某时刻 $|\Delta E|$ 不等于 0，即光照强度发生变化，则认为手机被掏出，警报提醒用户。

③距离防盗模式。

利用手机正面上方的接近传感器，比如将手机扣置于桌面上，若此时传感器检测到手机与桌面之间的距离变大，则认为手机可能已被拿起，立即发出警报提醒用户。

④耳机防盗模式。

利用了手机内部的广播机制，可在耳机被拔出时发出警报提醒用户。主要适用于喜欢插着耳机听音乐或者打电话的用户。

⑤充电防盗模式。

利用了手机内部的广播机制，可在电源断开时发出警报提醒用户。在外出时，人们可能会在车站、酒店等公共场所通过公共的"手机加油站"或个人的充电器为手机补充电量，但却担心手机会被错拿或故意拿走。充电防盗模式主要适用于此类用户。

⑥远程控制模式。

用户可选择发送"#GPS#"、"#Music#"、"#Camera#"中的任一指令到已丢失的手机，操纵手机完成相应的功能。

目前，手机防盗模块已获得一项计算机软件著作权登记，登记号为 2015SR1715414，并向《计算机应用与软件》期刊投稿论文《基于移动感知的智能手机防盗软件的设计与实现》，目前处于审稿阶段。

（4）设置模块

设置模块主要用于软件运行所需参数的设置。U-safe 会在第一次运行时提示用户进行相关设置，以保证各功能的正常使用。

①选择报警铃声。

用户可从本地音乐列表选择合适的报警铃声。

②设置警报密码。

对于手机防盗模块中的五种防盗模式，用户可预先设置四位密码，在发出警报后，可输入密码关闭警报。

③设置缓冲时间。

对于手机防盗模块中的五种防盗模式，用户可预先设置 0-5 秒的缓冲时间。若在缓冲时间内输入了正确密码，则关闭防盗模式。此设置可避免手机发出不必要的警报。

④添加紧急联系人。

为了能够及时有效地发送求救信息，需要用户提前设置紧急联系人。

⑤编辑求救短信。

用户可预先编辑求救短信内容或者约定暗语，从而在遇到危险后可更快速发出有效的求救信息。

⑥设置短链接服务。

用户可根据需要选择短链接服务 API 提供者，包括 Sina、Baidu、985so 和 is.gd。

2. 原型设计

实现平台：Java+Android SDK+Eclipse。

测试环境：Android 4.0 及以上系统，并配置有加速度传感器、环境光传感器、距离传感器、方向传感器、闪光灯和后置摄像头的手机。

（1）Logo 说明。

背景为绿色表示安全，既包含手机和手机内部隐私的安全，也包括用户的人身安全。图标不仅寓意为手机被安全呵护于 U-safe 口袋中，也可抽象为用户在遇到危险成功获救后喜悦地欢呼。

（2）截图说明。

软件在小米 1S（Android 4.2.2 版本）手机上完成测试，图 5 至图 30 均是在 2015 年 10 月 10 日截取。

图 5

图 6

手机防盗界面

图 7

遇险求救界面

图 8

注册 U-safe
服务器账号

图 9

登录 U-safe 服务器

图 10

U-safe 服务器
登录成功

图 11

登录微盘

图 12

微盘登录成功

图13

选择报警铃声

图14

设置警报密码

图15

设置缓冲时间

图16

添加紧急联系人

图17

编辑求救短信

图18

图 19

图 20

图 21

图 22

图 23

图 24

图 25

图 26

图 27

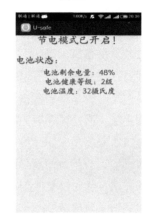

图 28

图 29

图 30

作品实现、特色和难点

1. 作品实现及难点

（1）快捷键实现隐秘求救。

为了让求救变得更加快捷有效，我们为用户提供了两种快捷键隐秘求救方式。用户可通过按一次下音量键将 GPS 获取的地理位置信息发送至紧急联系人，连续按两次下音量键启动隐秘录像功能并执行一系列自动操作。

若连续按两次下音量键，软件将在子线程中创建 MediaRecorder 类的实例，调用手机摄像头，并自定义 SurfaceView，实现隐秘录像。拍摄完成后采用 AsyncTask 异步操作类，实现文件上传和下载链接的获取，并通过 SmsManager 服务将获取的求救信息群发至预先添加的紧急联系人。从而为救援人员提供更加详细有效的救援信息，以达到快速隐秘求救的目的。

（2）通过网络通信，将长链接映射为短链接。

录音录像功能中，从服务器上直接获取的下载链接相对较长，可能超出短信的字符数限制。因此紧急联系人可能收到由多条短信构成的完整下载链接。如需访问链接，需将多条短信按顺序复制到浏览器地址栏，可能给用户的操作和使用造成不便。为了方便紧急联系人直接点击下载链接查看求救信息，通过网络通信的方法，将长链接映射为短链接。

首先将长链接对应的 json 数据提交给短链接服务 API 提供者（新浪、百度等），自动生成长、短链接映射。通过网络通信框架 Volley，请求返回短链接的 json 格式数据，并使用 gson 进行解析，获得生成的短链接。

（3）利用三轴加速度转换算法实现对手机运动状态的精准判断。

在移动防盗模式的具体实现过程中，需要分析手机的加速度值得出手机的运动状态。但由于手机加速度传感器的输出值始终对应于手机本身的坐标系，而在变化的手机坐标系下无法给出一个统一的标准，这使得防盗模式的判断结果往往有很大的误差。

为提高判断结果的准确性，我们采用了四元数表示三维坐标系的旋转，将手机坐标系下的三轴加速度值转换到统一参考坐标系下，去除重力的影响后，可以将得到的加速度与参考坐标系下的标准阈值作对比。通过对比即可更加准确地得出手机在某一时刻的运动状态。

（4）实时截获短信广播，实现对手机的远程控制。

手机防盗模块中的五种防盗模式可以为用户的手机提供一定的安全保障，但仍无法完全避免手机的丢失。为此，我们设计了远程控制功能，用户可发送短信指令到已丢失的手机，远程操作手机完成相应动作。Android 智能手机在收到短信后，系统会对外发送一个有序广播，利用监听器截获该广播并获取短信内容，判断是否为预设指令即可操纵手机完成相应动作。

（5）监听电话状态，实现来电自动接听或自动挂断。

遇险求救模块中的来电自动接听或自动挂断可作为用户有力的辅助求救方式。在遇到危险时，用户可以根据自身所处情况合理选择其中一种。在两种状态下，手机都始终保持静音的状态防止被人发现，具有一定的隐蔽性。

我们通过创建 TelephonyManager 的实例并通过 PhoneStateListener 监听电话状态，分别重写 answerRingingCall() 和 endCall() 方法实现来电自动接听或挂断。

2．特色分析

（1）市场上现有的同类型求救软件大部分实现了将 GPS 获取的地理位置信息发送至紧急联系人。但仅通过发送 GPS 定位信息的求救方式获取的信息单一，救援人员无法快速准确地判断出用户所处的具体环境。因此，U-safe 进一步实现了隐秘拍摄用户所处的周围环境并自动发送至紧急联系人的功能，为救援人员提供更加详细有效的环境信息并防止拍摄时被不法分子察觉。

（2）用户可通过连续按两次下音量键的方式快捷启动隐秘录像功能拍摄现场环境，拍摄完成后视频将自动上传至指定服务器，并发送视频的下载链接至紧急联系人；用户也可通过按一次下音量键将获取到的地理位置信息快速发送至紧急联系人。两项快捷功能为用户提供双重快捷求救方式，大大提升了求救的效率，具有广阔的市场前景。

（3）五种防盗模式在不需额外添加硬件设备的情况下，针对智能手机在生活中的不同使用场景，充分利用智能手机自带的多种传感器，使得用户在手机状态发生改变的第一时间获得提示以降低手机被盗的风险。此外，我们还针对手机不慎丢失后的找回问题设计了远程控制功能。

（4）除了搭建 U-safe 服务器外，软件还使用第三方新浪微盘服务器；并且集成微信和百度地图提供的 SDK，为用户带来更好的使用体验。

（5）采用目前较为流行的 Fragment 布局将遇险求救和手机防盗巧妙结合，并通过自定义 CircleLayout 使得各个功能图标可以动态地展现。两者相互融合，共同构建出灵活的主界面。

作品14　懂你

获得奖项　本科组一等奖

所在学校　山西大学

团队名称　一帮人

团队人员及分工

　　　　周　宇：界面优化、程序结构设计和部分代码开发。

　　　　任　鹏：程序结构设计和部分代码开发。

　　　　张中俊：代码开发、版本控制。

指导教师　吕国英

作品概述

大学生心理健康已经渐渐成为社会关注的焦点，一些大学生因心理问题休学、退学的不断增多，自杀、凶杀等一些反常或恶性事件不时见诸报端，2002年初发生的刘海洋硫酸伤熊事件等，社会对大学生心理健康的关注达到高潮。

"懂你" APP，是一款专为大学生打造的心理交流和咨询平台。使大学生有问题可以交流，有烦恼可以倾诉。

作品可行性分析和目标群体

1. 可行性分析

在网络上有专门的心理论坛，比如"心理人社区"（http://bbs.xlzx.com/）和"壹心理"等网站。这些网站上的用户群体范围广，问题内容繁杂，缺乏一定的针对性，大学生群体可能不太愿意关注这类论坛。而专门针对大学生的心理健康的论坛或者是社交平台，又相对较少，因此，本软件的开发将会有好的应用前景。

在互联网发达的现在，IM（Instant Messaging，即时通信）是一种非常有效的交流方式，这也是 QQ 和微信在中国具有极高装机量的原因所在，因此，懂你的出现也必将吸引广大 IM 狂热者的眼球。

2．目标群体

大学生群体看似轻松，事实上却承担巨大压力，在学业、生活、情感、就业多重大山的压迫下，大学生迫切的想倾诉自己的情绪，交流学习生活中遇到的困难。鉴于以上的需求，该应用的针对人群为大学生。

懂你分为两大功能模块，问答系统和信箱通信。前者主要针对想要尽快获取问题答案的大学生，而后者主要针对想要进行匿名通信和发泄倾诉的大学生。

作品功能和原型设计

1．功能概述

本 APP 需要登录使用，测试账号：atest 密码：testmima。

功能名称	功能描述
后台管理系统	完成整个系统的后台管理，包括对用户信息、用户提交问题、用户提交答案、鸡汤推送、信件以及对信件回复的管理，运行在后台云服务器端
手机客户端	用户在手机客户端注册、提交问题、参与讨论、发送信件、获取信件、与信件的主人聊天；系统根据用户选择的即时心情和事先制定的匹配规则及统计机器学习算法，选择合适的能够调节用户心情的信件，并通过服务器进行推送

2．原型设计

实现平台：Android 平台+ bmob 后端云服务平台。
屏幕分辨率：≥320×480。
手机型号：适用于装有 JVM 并且屏幕分辨率≥320×480 的手机。
Android 版本：4.0 以上。

作品实现、特色和难点

1．作品实现及难点

该应用的主要功能有以下四个。

（1）第一个功能为发现。主要用于进行心灵鸡汤（能调整用户心情的各种资讯内容，存放在服务器中，管理员可以登录后台维护心灵鸡汤的内容）的推送、搜索问题（主要是利用匹配问题的标签以及问题本身中可能已经包含了搜索的关键字）、查看最受欢迎的讨论话题（衡量问题受欢迎程度的指标是被赞的次数，这样，就需要从数据库中获取被赞次数最多的 5 个问题。当问题数据比较多时，对数据排序的业务逻辑会非常复杂。因此，我们将此部分业务逻辑处理成云端代码（getHostest()），使其在服务器中运行。需要时在客户端调用此方法，在实际的运行过程中，这种方法大大减少了客户端的负担，使程序运行更流畅）。鸡汤推送和问题的实体设计如下：

推送（演示图片、标题、正文）

问题（提问者、提问时间、标签、问题、被赞次数）

（2）第二个功能为讨论，展示和阅读已有讨论，并参与讨论；客户端通过此进行用户资料的搜集和分析，通过利用绝对词频（依赖于词出现的频率，从中选取了出现频率最高的 200 个词作为特征）的特征选择方法和每个句子中这些特征出现的次数将文档向量化，对 svm 分类器进行训练，从而对新的语料进行分类，为后续对信件的匹配提供支撑。

（3）第三个功能为信箱，用于发送一封信件或通过摇一摇获取一封符合此时用户心情的信件（实现细节见 5）。

（4）第四个功能为收纳，是自己发过的信件以及收到过的信件的整理。这部分内容也是存放在服务器中，通过检索服务器获取内容。其中信件的实体设计是：

信件（发送者、是否署名、信件内容、发送时间、接收者、是否被撕碎）

（5）在信件通信模块中，尝试使用了模式识别和文本挖掘的方法，根据用户在问答系统中的问答，利用统计机器学习和规则的方法对内容的特征进行了学习，然后根据用户选择的心情，依据第（2）点中的匹配规则，选择可以调节用户心情的信件进行发送。

①其中 svm 分类器的主要公式。

$$L(w,b,\alpha) = \frac{1}{2}\|w\|^2 - \sum_{i=1}^{N}\alpha_i\left[y_i\left(w^T x_i + b\right) - 1\right]$$

其中垃圾回答识别的统计结果如下。

Total population	答案中的垃圾回答	答案中的正常回答
系统中的垃圾评论	489	11
系统中的正常评论	476	37

Precision 精确率	Recall 召回率	F-measure F值	Accuarcy 准确率
0.9780000000	0.5067357513	0.6675767918	0.5192497532

②语料的处理。

第1，问答的属性标签：是否垃圾、贫或富、是否有文采、乐观还是悲观、感性还是理性、是否幽默、内容长还是短、语气激动还是平和。

第2，同时将内容分为：搞笑型、倾诉型、求助型、分享型、抱怨型、发泄型。

第3，从而对信件的内容进行分析，然后再根据用户的即时心情进行合适的信件推送，其匹配规则如下。

下表中，第1、2点为最好有的点，即发送的信中的属性，而第3点为禁忌的点，即发送的信不能有的属性。

即时心情	匹配规则
懊悔	1.搞笑、分享 2.平和、乐观、叙述、内容长 3.求助、抱怨
愧疚	1.求助 2.内容长 3.倾诉、分享
兴奋	1.求助、发泄、分享 2.内容短 3.平和、悲观、叙述
幸福	1.求助、搞笑、分享 2.乐观、叙述、平和 3.抱怨、发泄
忧心	1.分享、倾诉 2.乐观 3.悲观、发泄
紧张	1.叙述、倾诉、分享、求助 2.内容长、平和 3.激动

即时心情	匹配规则
生气	1.搞笑型 悲观 叙述 2.简短、平和 3.语气激动
不平	1.发泄、抱怨 2.感性、倾诉 3.求助型
烦躁	1.搞笑、悲观、叙述 2.简短、平和、理性 3.抱怨、激动、倾诉、求助
忧伤	1.搞笑 2.感性、倾诉 3.求助
抑郁	1.搞笑 2.乐观 3.抱怨、求助、激动
寂寞	1.叙述、求助、分享 2.随意 3.无
沮丧	1.搞笑、分享 2.平和、简短 3.求助

③有关案例。

系统首先根据用户的问答语料，训练了基于统计机器学习的 svm 分类器并人为制定了一些简单的规则，然后将其用于输出对信件内容的分析结果。如：

案例 1，输入：用户的问答语料

输出：是否贫富、是否有文采、是否幽默、乐观还是悲观。

输入：这个我就有???其实跟信鬼神一样，信它有就有，信它没有就没有???

输出：-1.0 1.0 -1.0 -1.0 1.0（不幽默、有文采、悲观、富有、长）有的符合有的不符合。

案例 2，输入：信的内容

输出：内容的类型、乐观还是悲观、激动还是平和、长还是短。

输入：没 谈 恋 爱 的 时 ，以 为 自 己 ，么 都 ，以 为 自

己 会 如鱼得水 , 真的 碰到 那个 , 才 发觉 自己 什么 都 不 会 , 手足无措 , 像 个 小学 , 感情 的 道路 上 磕磕碰 碰 , 爱情 , 要 , 么 经营

输出：9 1.0 -1.0 1.0（求助型、激动、悲观、长），可见，其判断基本上是正确的。

案例3，输入：用户的即时心情、贫富度、文采度、乐观度

输出：一封信。

如图1、图2、图3所示为选择兴奋的心情后，获取的信件的内容，由上面的规则可知，将求助、发泄、分享、内容短的信件推送给用户。

图1   图2   图3

2. 特色分析

（1）该应用的对象人群为在校的大学生，契合了现实的需求。

（2）为了更好地对用户推送信件，我们尝试引入了模式识别和文本挖掘的算法。以用户发送过的问题、回答过的问题以及用户此时的心情（用户可在主界面中选取）智能的推送符合匹配规则的信件，从心理学角度对于收发信件的类型做了一定的规范和引导，从而人为进行了对不良情绪的早期干预。

作品15　基于人脸识别的手机签到系统

获得奖项　本科组一等奖

所在学校　山西大学

团队名称　山大虾米

团队人员及分工

　　　　学生端开发：王　琰

　　　　教师端开发：魏志宇

　　　　教务管理端及后台服务器开发：梁凤娇　李一鸣

指导教师　孙　敏

作品概述

　　随着移动互联网的高速发展，手机已经成为人们生活的必需品，其功能已经不再局限于短信和通话等基本应用。随着智能手机平台，如 Android 平台、iOS 平台的快速发展以及手机硬件性能的大幅度提高，基于智能平台上的手机应用呈爆炸式增长。当前，考勤系统主要有人工考勤，指纹打卡机，射频卡签到等。这些方式都有弊端，指纹打卡机中采集人的指纹，由于人手在使用过程中会受到摩擦而影响指纹的清晰度，所以识别率较低，而且不够灵活，经济。人工考勤、射频卡签到容易由别人代签，不能做到最大程度的真实有效。

　　生物识别技术是利用人的生理特征或由于生物具有很强的稳定性和显著的个体差异，因而是理想的身份验证特征，如人脸、指纹、掌纹、虹膜。由于人脸识别相比于其他生物识别技术，具有无接触、方便、直观和隐蔽性好的特点，因此受到了国内外众多学者的关注和研究。人脸识别首先需要将人脸从背景区域中分割出来，之后提取人脸区域的特征，最后进行认证和识别。通过基于 Android 平台的人脸识别能够最大限度地实现考勤的真实有效和简单便捷。

　　本软件以学生签到作为实例进行研究开发，之后可以拓展到其他更多的领域。本系统主要开发基于 Android 平台的人脸识别的手机签到。本系统结合了 Face++人脸识别技术、GPS 全球定位技术、移动互联网和后台服务器相关技术，通过个人的照片、地点、时间三项来进行身份验证，以求达到签到的真实、有效、便捷。签到过程主要通过手机拍照，上传服务器，服务器返回结果三个关键步骤，完成签到。

作品可行性分析和目标群体

1. 可行性分析

面部识别听起来很"高科技"，其实并不神秘，并且已经逐步被应用到笔记本、PC 上。面部识别最早被运用在笔记本上，如同指纹识别一样，为用户提供更多的登录验证方式。和指纹识别需要专门的读取器不同，面部识别只需要摄像头，就能完成识别验证。再也不用担心忘记密码或者输入错误，为用户增加系统安全性，针对老人小孩，提高易用性。

2. 目标群体

该手机签到软件室内可应用于学生上课签到，日常会议签到。对于地理位置分布范围广，如员工的外勤管理，员工拜访客户情况电路，工人户外检修线路，林业人员野外巡查，安保人员夜间巡查视，连锁店的管理，还有公司员工长短期出差情况。在这些领域中，我们都可以通过时间，地点，照片来即时有效地监督、反馈工作情况。

作品功能和原型设计

1. 功能概述

（1）学生端

拍照：程序中调用手机系统摄像头来完成拍照。

照片上传：将照片上传到 Face++的服务器上，完成人脸识别处理，并且给手机返回是否识别为本人的识别结果。

地点定位：将高德地图的 API 添加到工程中。利用官方 API 中的定位功能类中的回调函数，获取自身所在的坐标，最终实现地点的定位。

获取时间：通过函数来获取手机当前的网络时间。

将照片识别结果，地点信息，时间信息三项上传服务器，由服务器判断签到是否成功，最终将签到结果返回给学生端。

（2）教师端

后台推送：通过某教师工号，手机系统时间来被动推送该时间上课的课程、时间、班级、应到人数、实到人数、未到人数等。

查询某一段时间内，某班级中每个学生应到次数，实到次数，未到次数，到课率（用来评判平时成绩）。

查询某一学生在一星期内或某段时间内的具体签到信息。

（3）教务端

选择院、系、年级、班级、日期，查询某一天某一个班级要上的所有课程以及学生的到课情况。

在此基础上，查询当天的某一节课所有学生的到课情况。

查询一门课程在一段时间内，所有缺课学生的到课情况，如：应到次数、实到次数、到课率。

查询单个学生的所修所有课程的到课情况，如 Java 语言程序设计、应到次数、实到次数、到课率。

2. 原型设计

（1）学生端（图1～图3）

图1   图2   图3

（2）教师端（图4～图6）

图4　　　　　　图5　　　　　　图6

（3）教务端（图7、图8）

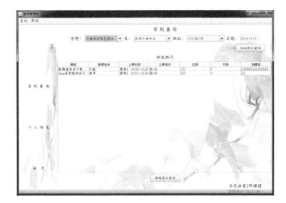

图7

图8

作品实现、特色和难点

1. 作品实现及难点

（1）作品实现

本系统分为三个部分，分为学生签到端、教师端、教务管理端。学生签到端主要通过第三方平台提供的 face++来进行面部识别，本地通过返回的数据判断是否是本人，再结合 GPS 提供的准确的定位，以及在规定时间范围内上传服务器，服务器返回是否签到成功；教师端可以推送当节课的签到信息，也可以自己查询某时间段内某班的签到情况，以及某人的签到记录；教务管理端主要查询某学院班级在某段时间内的到课率、缺课率。

（2）难点

需求分析：在科研前期的需求分析过程中，教师和教务人员所需要重点获取的信息不能够结合数据库清晰明白的反映在思维逻辑上。

服务器：后台在一段时间内，无法准确地统计某课程的上课次数。

外界环境：系统大多是利用手机照相机来进行拍照，那么光线的强弱程度将会直接影响照片的质量，从而影响照片的识别的准确率，影响签到结果。另外，Face++系统本身目前只能检测出头像尺寸大于 16*16 像素的图片，超过 600*600 的会被压缩，大于 3M 的图片会返回 1303 错误。

后台推送：后台服务程序从服务器获取学生签到信息的及时性、准确性。以及优化对本地内存占有率。其中，后台难以判断当时是否上课。每次获取信息时，无法保证一门课程不会多次被获取。无法保证后台线程太多时而后台服务不被杀死，并且在杀死后如何才能快速重启。在获取服务失败后，如何再次获取服务。

数据库：数据库中的各种表之间的逻辑结构，每个表之间的联系；查询过程中，查询语句需要查询各个表中信息的整合难以实现。

2. 特色分析

（1）本系统结合了 Face++人脸识别技术、GPS 全球定位技术，以及当前的网络时间，实现了将个人的身份、地点、时间三项综合验证，以求达到签到的真实、有效、便捷。

（2）Face++人脸检测与追踪技术提供快速、高准确率的人像检测功能。能够提供实时人脸检测与追踪技术，可以使相机应用更好地捕捉到人脸区域，优化测光与对焦。使用Face++能够使签到无需接触，且更为精准，防止代签。

（3）手机签到无需太多的硬件成本，更为经济实用。

作品16　老年人服务助手

获得奖项　本科组一等奖

所在学校　山西大学

团队名称　开拓者

团队人员及分工

　　　　　　魏　博：负责应用的整个生命周期，包括创意构想、需求分析、总体设计、详细设计、编码、测试等。

　　　　　　孙三奇：负责创意构想、需求调研、辅助设计、协作编码、美工等。两人共同负责创意构想、需求采集、协作编码，测试等。

指导教师　杨红菊

作品概述

随着手机的不断改革，手机已经成为人们日常生活中必不可少的一部分，然而，安卓市场上大部分软件都是为青年人服务的，很少软件是为老年人服务的。于是我们小组不断研讨，旨在创新出一种新型的老年人服务助手。

本应用是一个手机APP，主要有以下六个功能。

第一，备忘录和闹钟一体化，备忘录画面简洁明了，老年用户在使用此模块时只需按提示内容输入标题和内容即可，如有需要，可以给事件添加闹钟。

第二，短信功能，本软件提前已将老年人与家人、朋友、同事等一些常用短信内容提前至于此功能内，除此之外还添加一些节日问候短信。用户可以根据自己的需求长按所选内容，便可对短信内容进行修改，除此之外还可以自己添加一些常用用语。用户如需发短信时，只需要点击短信内容，便可跳入短信界面，然后进行发送。

第三，上网功能。本软件已经将上网功能进行分类，分别有天气、新闻、健康、旅行、购物、影音六大类，用户可以按照自己的需求选择相应的模块阅览和观赏。

第四，紧急报警功能。用户需在个人信息页面填写个人信息，然后再在主界面绑定一个手机号。打开浮动窗口，当遇到紧急情况时，点击浮动窗口，便可弹出求救方式窗口，用户选择报警方式后便可向外界求助。在报警的同时，用户还将自己当前位置及个人信息发送给绑定的手机号。

第五，设置功能。

①设置界面可以填写老人的个人信息，如姓名、年龄、性别、住址，以便在老人出现事故后，救援人员可以尽快联系到老人家属。填写老人家属的手机号码，方便遇险时向家人及时发送求救短信。

②浮动窗口功能。当软件在后台运行时，通过点击浮动窗口按钮便可以一键报警，同时还会自动向绑定手机的家属发送短信报告遇到危险以及所处位置。

③定位功能。点击当前位置--刷新按钮，便可显示出当前位置及时间，点击位置可语音播报，长按位置可将内容复制到剪贴板。

④语音功能。开启语音开关后，在软件的各个功能中，软件都会对用户所进行的操作进行语音播报，点击相应内容，也可对文本进行朗读。

第六，摔倒报警功能，在开启浮动窗口后，系统时刻检测手机加速度变化情况。当老年人突然摔倒或遇到突发情况，无法自己进行紧急报警时，软件会自动向家属发送求救短信，同时手机会循环语音播报用户的个人信息及家属联系方式。

作品可行性分析和目标群体

1. 可行性分析

学生自主研发，不需要太大花销，因此在经济上有可行性。有专业的老师指导，以及我们掌握了开发软件所用到的基本知识，因此在技术上有可行性；小组两个成员，花费 50 天时间来完成软件的开发，因此，在人力资源上有可行性。具备了经济、技术、人力资源的条件。

2. 目标群体

本软件主要服务于中老年群体和弱势群体。

作品功能和原型设计

1. 功能概述

功能名称	功能描述
备忘录（闹钟）	用记事本方式将重要的事情记录下来，并配以闹钟以防忘记，到点后闹钟将自动响铃并提醒用户去做相应的事情

功能名称	功能描述
快速报警（GPS）	当遇到紧急情况时，按快速报警功能将自动拨号 120、110 或 119，并将自己当前位置和情况传送给家人
短信功能（常用）	本软件内置多条常用短信，也可编辑短信。直接选择自己要发送的内容，添加联系人即可发送
上网功能。	本软件已经将上网功能进行分类，分别有天气、新闻、健康、旅行、购物、影音六大类，用户可以按照自己的需求选择相应的模块阅览和观赏
设置功能	用户可以在设置界面设置个人信息，绑定手机号码（用于报警），查看当前位置，开启浮动窗口，开启语音播报
摔倒检测功能	系统时刻检测手机加速度变化情况。当老年人突然摔倒或遇到突发情况，无法自己进行紧急报警时，软件会自动向家属发送求救短信，同时手机会循环语音播报用户的个人信息及家属联系方式

2. 原型设计

实现平台：J2ME。

屏幕分辨率：≥320×480。

手机型号：适用于装有 JVM 并且屏幕分辨率≥320×480 的手机。

将项目"老年人服务助手.apk"复制到 Android 终端（手机或平板电脑均可，虚拟机中测试也可，但由于涉及局域网内的操作，虚拟机并不能很好地完成，故不推荐）的 SD 卡下进行安装，安装好后在您的 Android 设备上会生成"老年人服务助手"应用的图标，如图 1（a）所示。轻触该应用的图标即可打开应用，应用的主界面如图 1（b）所示。

（a）图标　　　　　　（b）欢迎界面

图 1

作品实现、特色和难点

1. 作品实现及难点

（1）定位功能。下载百度的定位 SDK 并申请相关密钥，将下载的 LocSdk 添加到软件的 Libraries 中，然后通过调用相关的函数取得相关信息，最终将得到有效信息反馈到软件中并显示出来。

（2）浮动窗口。本软件自己定义了一个 FxService 类，参照相关的书籍，在类中定义窗口布局，创建浮动窗口设置布局参数的对象，然后又调用一些列函数设置浮动窗口的相关参数，设置接触事件。

（3）摔倒检测。首先，通过自己定义的 acquireWakeLock（）函数获取电源锁，保持该服务在屏幕熄灭时仍然获取 CPU 时，保持运行。然后通过 SensorEventListener（）对竖直加速度进行时刻检测，当加速度达到一定值后，通过 Handler()函数的 handleMessage(Message msg)方法检测加速度从而判断手机是否静止（摔倒以后 2～3 秒内不会动），若满足这一条件，则判定老人摔倒且较为严重（无法进行自救），进行报警并向外界发出求救。

（4）语音功能。下载科大讯飞的 SDK 并申请相关密钥，将下载的 Sdk 添加到软件的 Libraries 中，然后定义一个 yuyin 类，在类中对语音进行注册，然后对发音人性别、语速、音调等进行设置，然后新建 SynthesizerListener()对象，对语音播报情况进行监听。

2. 特色分析

（1）与传统应用不同，该项应用将浮动窗口、报警功能、定位及发短消息功能一体化，当用户遇到紧急情况时，只需点击桌面上的浮动窗口，便弹出报警界面。用户可以根据自己的情况选择 110、119 或 120 进行紧急报警，在报警的同时，还将自己所在位置及报警情况以短信的信息发送给自己的亲朋好友。

（2）摔倒报警功能。系统时刻检测手机加速度变化情况。当老年人突然摔倒或遇到突发情况，无法自己进行紧急报警时，软件会自动向家属发送求救短信，同时手机会循环语音播报用户的个人信息及家属联系方式。

（3）语音功能。在设置功能开启语音开关后，在软件的各个功能中，软件都会对用户所进行的操作进行语音播报，点击相应内容，也可对文本进行朗读。

作品17　贴心助手

获得奖项　本科组一等奖
所在学校　太原工业学院
团队名称　加速器
团队人员及分工
　　　　　　　　任雄伟：主要负责后台服务和后台数据的处理以及手机客户
　　　　　　　　端代码编写，刘正海 主要负责手机客户端的主要框
　　　　　　　　架设计和代码编写任务。
　　　　　　　　杨松宁：主要负责设计手机 UI 界面以及界面代码的编写。
指导教师　刘　杰　邢珍珍

作品概述

在科技发达的今天，手机已是每人必备的通信工具。我们可以通过手机APP来实现许多便捷的服务，在关键时候，甚至可以挽回生命。

在当今社会，老人在马路上跌倒，无人敢扶。当我们打开互联网、翻开报刊，在路上或超市等公共场合上老人跌倒在地无人敢搀扶的新闻屡见不鲜，这是一种多么让人痛心的现象！老人跌倒在地无人敢搀扶，不仅折射出事不关己高高挂起的社会现象，而且也反映出人们扶危济困、见义勇为的传统美德的缺失和社会文明的沦丧。这只是道德的谴责，如果是自己家里的老人，在马路上跌倒，无人扶起。遇到了生命危险这该怎么办？我们考虑到了这个情况，并通过 APP 来尽可能地防止老人遇到危险而没人救援。在老人手机上，只要安装了我们这个 APP，在马路上跌倒或者昏倒，手机上的 APP 会检测到这一情况，然后通过手机振动和在手机屏幕上弹出对话框用户是否发送求救信息。如果晕厥了怎么办？没关系，我们的 APP 也考虑到了这一情况，如果一分钟之内没有操作 APP 的紧急情况界面，我们的 APP 会自动发送当前的地址给紧急联系人并且开始进行求救（手机会在此时发出播放求救信号），让收到此信息的人在第一时间赶到现场，帮助用户，达到救援的目的。

另外，就是关于健康饮食。饮食在生活中和每个人都息息相关，同样，饮食与疾病也有很大的联系，甚至可以通过饮食来缓解和治疗疾病。过去人们一

直认为疾病和饮食的关系至少是 40%，甚至是 60%，现在医学界认为几乎 100% 的疾病与吃的食物不当有关系，现在我们就来了解一下食物和以下疾病的关系，高血压和饮食的关系，高血压患者在饮食中不能吃含有高脂肪比的食物，还有多盐食物，如果病患长期不注意自己的饮食，病情就会加重。糖尿病和饮食的关系，糖尿病则需要禁忌食用高糖分的食物。可见饮食对于健康来说也是很重要的一方面。长期使用我们的饮食推荐功能在很大程度上达到食疗的目的。我们可以通过语音或手动输入搜索关于疾病的食谱，达到在健康饮食的目的，走向健康的生活饮食道路。

在我们的作品中，除了首页的健康饮食推荐外，还有另外每天更新的健康资讯推荐，可以让用户通过手机网页浏览的方式，获取互联网上最新的关于健康的生活资讯，了解到更多的健康小窍门，从而达到健康的生活方式。

对于那些需要每天吃药的用户，我们提供了一个贴心的功能，就是可以设置关于药物信息的智能闹钟。只需要设定药名、药的用量、频次、吃药初始时间，就可以成功设定自己的药物提醒。设置了这个药物提醒，我们后台会根据用户输入的药的初始服药时间和频次，智能计算出一天内的几个闹钟，在特定的时间响起，提醒用户该吃药了，以防止老年用户忘记吃药，而威胁到老人的健康。并且这个提醒是上传到后台服务器上面，当更换了手机，再次登录你的账号就可以显示及时同步以前设定的药物提醒，并不会因为更换手机而失去自己的个人服药提醒。

我们的作品实行的是一人一账号通过服务器登录的模式，初次使用需要通过邮箱注册个人账号。登录后可以在设置页面设置自己的个人信息、还有自己的紧急联系人，紧急联系人可在紧急情况下向他们发送紧急求救短信（发送用户现在的详细位置信息）进行求救。

作品可行性分析和目标群体

1. 可行性分析

在健康类软件上已经有类似软件，但是此类软件实现的功能过于繁琐，并且功能普通，没有什么亮点。我们这款 APP 的亮点功能为紧急求助功能，能在紧急时刻得到相应的处理。比如老人摔倒后进行判断并发出求救信号，这是目前 APP 市场上没有的。除此之外，还有智能闹钟，智能提醒用户该吃药的时间，只需要一次设置闹钟便可以多次提醒，一个贴心的服务。另外，APP 自带地图，方便用户查看当前位置。当用户迷路的时候也可以通过发送当前位置给紧急联系人，让紧急联系人来解除困境。通过以上分析，这个想法是非常可行的。

2．目标群体

目标群体是针对中国日益庞大的老中年群体，因为老年群体的患疾病的概率在日益扩大。如果在户外突发性疾病时，如果周围没有人相助，在这种情况下病人将会处在一个非常危险的状态，因此通过手机重力加速度传感器来实时监控是否摔倒或者是昏厥，又或者是在马路上晕倒而无人救援，病人在此时无法呼叫的情形将地理位置信息发送给紧急联系人和服务端，从而及时采取救治措施挽救病人生命。

作品功能和原型设计

1．功能概述

功能名称	功能描述
后台管理系统	后台管理系统是通过后台来保存用户的信息，以及每位用户的健康数据和服药提醒闹钟，在用户登录后，数据通过网络发送给手机客户端，还有定时的获取用户位置信息与服务端同步，接受紧急情况下发送的位置信息等服务
手机客户端	用户在手机客户端登录后，会从后台服务器获取此账号的相关信息，例如用户个人信息，用户的紧急联系人，用户的服药闹钟等。用户通过手机浏览信息，在首页可以关注和查询健康类的食谱信息，向左滑动可以浏览每天更新的关于医疗健康的新闻资讯，也可以通过右上角的分享按钮与他人分享当前资讯。用户服药闹钟可以在客户端设置，然后上传到服务器，设置好服药提醒后会在计算好的时间点智能进行智能提醒，提醒用户服药。在设置页面可以查看个人资料，添加紧急联系人，设置个人资料，查看我的位置，开启关闭紧急模式，切换账号等

2．原型设计（图 1）

实现平台：android4.0 以上平台。

屏幕分辨率：≥320×480。

手机型号：适用于装有 JVM 并且屏幕分辨率≥320×480 的手机，并且手机含有线性加速度传感器的手机。

作品实现、特色和难点

1. 作品实现及难点

在实现作品的过程中，我们团队查阅大量资料，分工合作，攻破一个又一个难题。其中，作品中能提醒服药闹钟是一个难点，在实现大量复杂布局，增加闹钟美感和良好的用户体验的同时，还要在后台服务上编写关于用户录入吃药的时间从而能计算出用户一天内的服药时间的代码，后台和客户端相互通信也是一个难点。另外，判断用户跌倒，进而发送地理位置给紧急联系人，在判断用户跌倒的状态时不好判断需要通过时刻检测用户的运动

状态，并与之前的运动状态比对，从而判断是否发生摔倒。客户端的后台服务向紧急联系人发送地理位置求助也不好实现，因为安卓的服务机制，有时候会出现误差。好在我们团队认真翻阅了谷歌有关 API，将以上难点一一攻破，并实现，呈现在用户面前。

2. 特色分析

现在市面上的各种健康监控软件并没有相对应的软件服务端，并且能够提供完善的生活服务功能，包括健康资讯推荐、药物提醒，最重要的一个功能就是当老年用户在昏倒或者是摔倒不能起来的情况下，手机会自动发送呼救信号向周围的人群，呼救同时将用户的地理位置信息发送给紧急联系人，这样就能争取出最宝贵的救援时间进行救护。

作品18　HandYCU

获得奖项　本科组一等奖

所在学校　运城学院

团队名称　狂奔的蜗牛

团队人员及分工

> 沈彬峰：管理整个团队的工作进程和客户端主体的实现，以及文档的主要制作者。
>
> 淡强强：服务端实现，处理网页数据，协助客户端实现主体数据的显示。
>
> 段玉珍：客户端部分菜单栏和更多界面的实现。
>
> 王英豪：界面 UI 的设计与美化。
>
> 金智展：服务端实现，处理网页数据，协助客户端实现意见反馈界面，以及新闻模块数据的显示。

指导教师　卢　照

作品概述

随着 3G 移动通信技术的迅速发展以及 4G 移动通信技术的出现，使用安卓系统手机的人数不断增长。很多高校门户网站同时推出了安卓系统手机客户端的 APP，许多高校都在向这个趋势发展，但大部分学校还没有做到这种服务。

而我们的作品——HandYCU，定位于教育，是我们基于运城学院网站推出的一个安卓系统手机客户端的 APP。

HandYCU 实现了轻松接收运城学院的相关信息，查询和浏览运城学院校园的相关内容，随时可以了解校园的人才师资力量、校园特色文化等，本校学生可以随时随机查询自己的学校课程安排和各种成绩的查询，本校老师可以查询学生信息从而了解学生情况以及查询教学任务的课程安排，而运城学院的办公人员也可以通过该平台呈现学校的各种教务信息等。

HandYCU 丰富了大家的信息获取渠道，也为广大师生还有想了解运城学院的外校人士提供方便、快捷的信息服务，切实解决没有电脑也可以通过手机客户端清晰的了解学校信息的实际问题等。

作品可行性分析和目标群体

1. 可行性分析

随着安卓平台的发展，越来越多的人使用搭载安卓平台的产品。根据 Strategy Analytics 发布的最新数据，2014 年第三季度，iOS 和 Android 合并后已经占有全球智能手机 96% 的份额。而 Android 占有的市场份额为 83.6%。而且通过我们的问卷调查，本校学生 80% 的同学都使用 Android 操作系统的手机。

而以往学生、老师、学校办公人员查询有关学校资料都是通过电脑浏览器登录到运城学院的官网上去查，HandYCU 将只能从浏览器上浏览的运城学院官网普及到了 Android 系统手机上的应用软件，让查询运城学院的信息变得更加方便，只要有手机，就可随时随地查询。

本应用在安卓 4.0 版本及以上版本都能使用。

2. 目标群体

运城学院的所有成员为本应用最大的目标群体，但该应用也面向其他想了解运城学院的校外人士。

作品功能和原型设计

1. 功能概述

功能名称	功能描述
校园模块（图1）	完成对运城学院概况、学院新闻、人才培养、教师队伍、科学研究、校园文化的详细介绍，进行了更加细致的模块划分
教学模块（图2）	该模块又分为成绩查询和教学安排。成绩查询包括运城学院校内的专业科目的成绩查询和英语四六级成绩的查询；教学安排包括教师、学生、班级、教室、选修课等的课表
教务模块（图3）	该模块包括院内新闻通知公告、常用表格的下载、教学的各种规章制度、学院教学简报的下载、校内各种机构的介绍和工作职责介绍、实践教学、学校各种信息公开的介绍
菜单栏模块（图4）	包括该"HandYCU"的使用帮助说明、收集用户的意见反馈、清理应用缓存、关于我们制作团队的简单介绍
更多模块（图5、图6）	学院首页和学院贴吧的搜索、将"HandYCU"分享给好友的功能、通过扫描二维码下载"HandYCU"的 apk

2. 原型设计

实现平台：Android。

屏幕分辨率：≥320×480。

手机型号：适用于装有 Android 操作系统，并且版本 4.0 及以上的手机。

软件运行界面部分截图如图 1～图 9 所示。

图 1   图 2   图 3

图 4   图 5   图 6

图7   图8   图9

作品实现、特色和难点

1. 作品实现及难点

为了真正使应用达到 QQ5.0 侧滑效果，即当菜单页打开的时候，点击内容页产生的效果是将菜单页关闭，而非将内容页中的某些内容打开，我们首先自定义了显示菜单页的 HorizontalScrollView 和显示内容页的 LinearLayout，然后在这两个类内部使用广播机制互相监听菜单页是否打开或关闭，紧接着及时自定义事件机制的处理，主要是 onInterceptTouchEvent 和 onTouchEvent 的实现。

因为本应用缓存较多，所以具有缓存清理功能，但为了不出现按钮的卡顿，我们使用了 Thread 进行实现。

因为本应用的数据主要来自学院网页，所以使用 Asynctask 进行异步处理，并且进行了缓存处理，尤其是在缓存网络图片方面，特意使用 ImageLoader 实现。

对于 ListView 进行了更深层次的优化处理，目前我们保证应用中每次最多存在 40 条数据，如果用户进行上拉加载操作，客户端会先获得服务器返回的新 20 条数据，然后将最前面的 20 条数据清除，最后再将这 40 条数据显示到页面中，下拉刷新与上拉加载基本类似，不同的地方在于，如果本页数据只有 20 条则说明是第一次进入，只会刷新本页，不做其他操作；如果本页数据有 40 条，此时下拉刷新会删除后 20 条。

由于 google 自带的 TextView 的文字排版功能，不允许英文分行显示，所以本应用使用自定义的 TextView-->JustifyTextView 进行实现。

2．特色分析

为了使应用实现 QQ5.0 侧滑效果，即一开始菜单页隐藏，内容页显示，通过点击显示菜单的按钮，将菜单页由浅入深，而内容页面由大变小，但并非全部隐藏。

因为每一个模块（譬如，校园、教务）内部都有很多子模块，所以最大的三个模块之间用 Fragment 实现，而子模块因为数量过多，所以为了用户很方便左右滑动查看，使用 ViewPageIndicator 实现，当然也可以通过点击子模块栏实现快速切换，找到自己需要的部分。

调用 ShareSDK 的 API，轻松实现了应用的分享功能。

使用草料二维码生成器，并将其添加到应用中，可以方便地推广应用。

拥有清理缓存功能，并且不会出现卡顿状态。

拥有字体大小修改的功能，适应用户的需求。

拥有意见反馈功能，服务器人员可以查看用户的建议。

除了基本的查看学院信息的功能外，还可以下载表格等资料，以及查询课表、成绩等功能。

作品19　SeeWorld

获得奖项　本科组一等奖

所在学校　中北大学

团队名称　青松团队

团队人员及分工

魏福成：负责主要框架的搭建以及主要算法的实现。

贾晓宇：负责 UI 设计。

李　星：负责主要代码的编写以及各方面的融合。

黄　颖：负责市场调研以及需求分析。

张红新：负责产品设计以及具体美工的实现。

指导教师　王　东　秦品乐

作品概述

随着人们对于出行认识的提高，外出旅游逐渐成为人们生活的一部分。然而，人们总是会遇到这样的问题，人们无法了解景点是否符合自己的口味，景点附近街道的样子无从知晓。于是 SeeWorld 这款 APP 孕育而生。SeeWorld 是一款专门为旅游人群打造的，为旅行者提供旅行服务的应用。通过个性化智能推荐、基于地理位置的弹幕分享、AR 显示当地特产为用户提供海量信息，帮助用户做出更好的旅行选择。基于地理位置的名片分类和名片识别，更加方便快捷地找到旅行目的地的好友

作品可行性分析和目标群体

1. 可行性分析

随着互联网+的提出，越来越多的行业和互联网相结合，其中旅行在我们现在人的消费中占有很大一块比例，现在涌现出的一大批旅行 APP，大都是为人们旅行时服务的，但其中有个问题，如果人们连地点都不是自己满意的，那么再多的帮助也不能使用户获得舒适的体验，为此我们的 SeeWorld 定位于旅行之前，帮助用户去真正找到自己喜欢的地点，获得高品质的旅行体验。

我们的 SeeWorld 采用了两种方式让用户更加全面地了解自己想去的景点。

其中，实景模式，让用户真正身临其境感受每个地点的特点，为提高用户体验，我们还加入了 3D 增强现实和随时发布的弹幕功能，让大家更加了解。因为实景有个缺陷，那就是更新缓慢，为此我们采用观看其他用户发布的图片以及视频来弥补。

为了更加提高用户体验，我们还特意加入了按地点的名片分类功能，让用户更快地找到自己每个景点附近的朋友，名片识别功能让用户在加入新的朋友时候，能够更加方便快捷。此外，我们还加入了个性化推荐功能，为每位用户推荐他们真正想去的景点。

我相信如此广阔的旅行前端市场，而且符合当前国家互联网+的政策，同时我们做到了真正为用户考虑，站到用户角度思考问题，这样的产品一定是可行的。

2．目标群体

在生活水平也来越高的今天，旅行伴随着每个人，而所有旅行的人，并非都是目标明确的，我们这款旅行前的 APP，相信肯定能够吸引那些想去放飞心灵，但又不知道走向何方的人的眼球。

作品功能和原型设计

1．功能概述

功能名称	功能描述
用户注册模块	用户需要通过手机号码进行注册，并有短信验证功能，需要填写相应的验证码
用户登录模块	用户需要使用已经注册过的账号进行登录，而且我们设置了在相同手机登录一次后，以后免登录功能
实景浏览模块	用户可以使用街景浏览自己想浏览的地方，使用 2D 平面地图进行选取，而且可以以弹幕形式看到其他人发布的评论，也可以自己进行发表
3D 增强现实识别模块	用户在实景地图上的一些地点可以随机获得一些礼包，礼包打开后是一张可扫描的图片，用户可以通过 APP 中的识别模块扫描图片让图片进行 3D 显示
文字图片视频发布模块	在旅行过程中，用户可以自由在游记模块发表一些文字，图片，视频，在视频中我们采用了图形图像处理技术，使视频拍摄中加入各种特效，让每个人个发表更加个性化
景色浏览模块	在旅行前，我们除了通过一些实景去浏览各个地方，也可以通过他人发表的文字图片视频去了解每个地方，这里我们对这些景色都进行了地点分类

续表

功能名称	功能描述
名片分类模块	如果用户确定要去哪个地方后,会联系自己的一些朋友,在这里我们对用户的朋友进行了地点分类,这样用户就可以轻松找到自己想去地方的朋友了。
名片识别模块	用户如果想要添加一些朋友,手动输入过于麻烦,这里我们使用了名片识别功能可以轻松添加朋友
推荐系统模块	不知道去哪玩怎么办?我们特意准备了推荐系统,采用基于用户的协同过滤算法,将向你推荐你最适合去的地方。

2. 原型设计

实现平台：android4.0 及以上版本。

手机型号：android 手机。

图1~图9,分别为欢迎界面、注册和登录界面、拍摄视频界面界面、发布界面、实景以及弹幕界面、增强现实界面、名片分类界面、名片识别界面、欢迎界面。

图1   图2

图3   图4

（a）

（b）

（c）

（d）

图 5

图 6

图 7

图8　　　　　　　　　　　　　　　图9

作品实现、特色和难点

1. 作品实现及难点

（1）名片精准识别。使用 opencv 对名片首先进行分栏处理，然后针对字体的大小，关键字多维地对名片各个栏目进行分类处理，然后针对每个栏目里面的字符进行提取，和后台的训练模型进行对比，多次进行，提高识别率。

（2）3D 增强现实。增强现实，是一种将真实世界信息和虚拟世界信息"无缝"集成的新技术。我们通过图片的识别技术和 3D 建模技术，将 APP 中的一张图片转化为 3D 模型显示出来，使人们更加真实地体验物体。

（3）短视频的处理以及上传。我们实现了当下比较热门的短视频功能，同时实现了视频的各种特效，我们采用修改图像矩阵来实现视频的特效，视频的上传我们采用了 ffmpeg，将视频转化为流。

（4）个性化推荐系统。首先我们会根据每个用户浏览的地点进行汇总，然后进行特征提取，由于获得的特征向量的维数非常高，所以我们构造评价函数进行降维处理，然后我们进行地点聚类，我们采用的聚类算法是 K-means，然后运用基于用户的协同过滤算法，针对有相同类别浏览习惯的用户，个性化推荐该类别的地点。

2. 特色分析

（1）与传统的实景不同，我们在实景中加入了弹幕和一些可以触发 3D 增强现实的礼包，增强了用户的互动性和娱乐性，使原本不动的实景变得"动起来"。

（2）与传统的联系人列表不同，在我的朋友模块，可以进行地点归类，这样当我们想去某个地方的时候就能迅速找到联系人，同时朋友的添加可以通过识别卡片来加入，这样更加快捷，方便用户。

（3）与普通的短视频拍摄不同，我们在视频拍摄中加入了视频的特效拍摄，让用户可以拍摄出不同的视频，增强用户的体验效果。

作品20　驻足

获得奖项　本科组一等奖
所在学校　中北大学
团队名称　长江七号
团队人员及分工

祁建斌：负责项目的整体架构及算法设计。

董　睿：负责代码编写、代码整合。

贾晨涛：项目UI设计。

郑晓庆：负责项目美工。

狄林丽：负责市场调研与项目策划。

指导教师　秦品乐　王　东

作品概述

随着Google地图、百度地图、高德地图、腾讯地图等地图软件的出现，这些软件通过GPS可以定位你的位置，在世界上的任何一点都可以发现你所处地图的中的位置，同时，当你想去一个你喜欢的地方的时候，很方便的可以在地图中查到，同时给你最好的路线规划，而且还可以实时查看你身边的食品、酒店、商品等信息。但是这些都是室外定位，当你处在一个很大的商场时，你却无法使用GPS，然而室内定位油然而生，成为人们日益关注的焦点。

驻足即室内定位导航工具，通过采用Android手机的地磁传感器收集一片区域的地磁数据，把这些数据映射到这片区域的平面图中，形成一个强大的数据网络库，当你使用手机的时候，把你当前的地磁数据与服务器数据库中的地磁数据进行比对，得到相对于平面图中的位置信息，从而达到定位的功能；通过自定义图层技术，建立不同的图层信息，达到导航的功能；同时，结合手机的方向传感器和陀螺仪传感器达到顾客使用的地图方向、旋转与当时环境实时对应。通过地磁导航有效地解决了传统室内WiFi定位、蓝牙定位、ZigBee等技术带来的成本高、耗时大等问题，地磁地位低成本、低功耗、无污染、无额外铺设定位辅助设施，更好的可以满足顾客的需求。

驻足是紧扣当前室内定位技术的发展，采用最新的技术来解决这种问题而开发的室内定位导航 APP，可以很好地为社会带来很大的效益。

作品可行性分析和目标群体

1．可行性分析

科技发展日新月异，智能手机的功能越来越强大，人们的生活出行购物越来越依赖手机。虽然很多就与 GPS 的地图软件可以给人们以定位导航的版主，但是由于各种大商场、大型展览馆越来越多，而 GPS 因为定位信息到达地面时较弱，不能穿透建筑物，同时有收到定位终端的成本较高等原因的限制，因此，GPs 技术无法完成室内精确定位。

然而，目前现有的室内定位技术主要有 WiFi 定位、蓝牙定位、ZiBee 技术等。当前比较流行的室内 WiFi 定位系统采用无线网络结构，成本相对于其他来说比较低，但是 WiFi 收发器很容易受外界环境的干扰，而且会造成精度差、定位器的能耗也高等缺点；而蓝牙定位、ZiBee 技术同样需要事先在整个区域部署基站设施，所耗工程量大、成本也就相应高，当区域环境复杂时，其性能也会变得很差。

然而地磁场起源于地球内部，较为稳定，一般情况下受外界环境影响较小，理论来说，地球上任意地点，地磁数据都应不同，甚至同一地点，海拔高度不同，地磁数据也不相同，这就提供了地磁导航的理论依据。现在市面上的智能手机大部分都带有地磁传感器，可以获取到较为准确的地磁数据。无需额外的铺设定位辅助设施，并且定位准确、功耗低、无污染等特点。

市面上基本上没有通过地磁导航的室内导航应用，驻足的诞生无疑给大家带来最实用的室内导航 APP，无需硬件设施，单纯实用软件来实现室内定位 + 导航 + 商品活动发布。

2．目标群体

在互联网发达的现在，导航软件一直备受人们的欢迎，然后基于室内导航的软件却没有多少。因此，驻足的出现也必将吸引广大导航狂热者的眼球。

同时，大量的用户都喜欢逛街、购物，然而在大商场很容易迷路，找不见卫生间，找不到你自己想要看的地方，给购物者带来不便，然而我们解决了这个问题，用户可以随时选择路线进行导航，挑选自己喜欢的店铺，随时随地，对于购物者来说，驻足绝对是一款非常实用的室内导航软件。

对于路痴，我们结合手机的方向传感器和陀螺仪传感器达到顾客使用的地图方向、旋转与当时环境实时对应，让路痴绝对可以看懂，同时还提供了摄像头导航，开启摄像头，实时导航。对于路痴来说，是个不错的选择。

不管怎么说，驻足对于任何人来说，绝对是一款优秀的室内导航 APP，它适用于任何人，大人、小孩、路痴、上班族等都是不错的选择，选择驻足，你在室内再也不会出现迷路的问题了。

作品功能和原型设计

1. 功能概述

功能模块	功能描述
Web 端	简单的 web 端展示，可以简单的查看一些数据信息，数据处理的可视化、大数据分析与处理
服务端	采用 alpha+php+mysql，控制整个系统的运行，储存所有数据的信息，运行在服务器上
手机客户端	用户通过手机客户端进行定位与导航，导航分为基本导航、摄像头导航、实时导航
导航	自定义图层技术，及位置的映射。导航求解擦用最优路径算法 floyd 算法，TSP 旅行商问题，采用邻近点算法
联网功能	所有数据都储存在服务器的数据库中，用户界面采用异步加载的方式从网络获取数据
商家添加优惠活动功能	通过所提供的接口，顾客可以很好的添加自己的优惠活动
地图与环境的映射对应功能	手机的方向传感器和陀螺仪传感器达到顾客使用的地图方向、旋转与当时环境实时对应
摄像头导航技术功能	采用摄像头导航，对于路痴是福利
分享功能	用户可以分享我们的应用到自己的社交平台供大家去下载使用
消息推送	根据用户的商品浏览信息，及其所处的位置，推送最新的商品优惠活动信息
语音识别功能	用户可以选择语音输入，查询自己想要去的地方

2. 原型设计

实现平台：Android4.0 以上。

屏幕分辨率：≥1080×720。

手机型号：支持带有地磁传感器和陀螺仪传感器的 Android4.0 以上的手机。

采用"中北大学唐久便利"为例（图 1），介绍该作品。

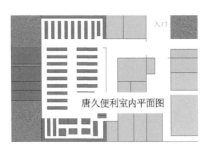

图 1

开发前期采集唐久便利商场内数据，然后进行分析，建图，商铺数据采集，提交数据到后台服务器，图 2 为欢迎界面，图 3 为应用主界面。

图 2   图 3

在地图中显示当前城市所有支持我们应用的一些商场，图 4 为城市选择侧滑界面，图 5 为该城市目前已支持的商场列表界面。

图 4   图 5

图 6 为商场介绍界面，图 7 为室内导航界面。

图 6

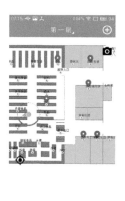

（a）　　　　　　　　　　　　（b）

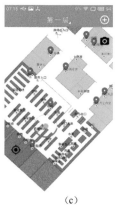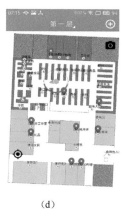

（c）　　　　　　　　　　　　（d）

图 7

采用自定义图层技术，可实现地图的任意旋转、放大与缩小，而不影响图层数据信息的改变，图 8 为室内导航界面——选取目的地点，图 9 为室内导航界面——导航路线规划。

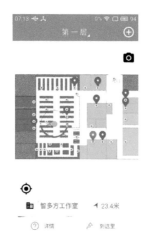

图 8

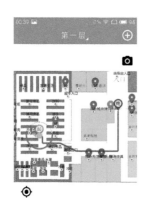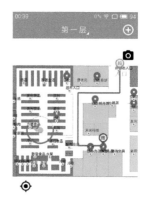

图 9

导航路线规划，采用求最短路径问题的 floyd 算法，当选择多点路线规划时，采用解决旅行商问题的 TSP 邻近点算法。

图 10 为室内导航界面——商家登录及发布活动，图 11 为室内导航界面——优惠活动列表展示。

（a）　　　　　　　（b）

（c）　　　　　　　（d）

图 10

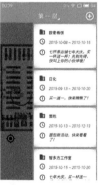

图 11

图 12 为室内导航界面——摄像头实时导航技术，图 13 为室内导航界面——

分享，图 14 为 Web 界面，图 15 为地磁导航原理模型与后台数据分析模型。

图 12　　　　　　　　　　　　　　　图 13

图 14

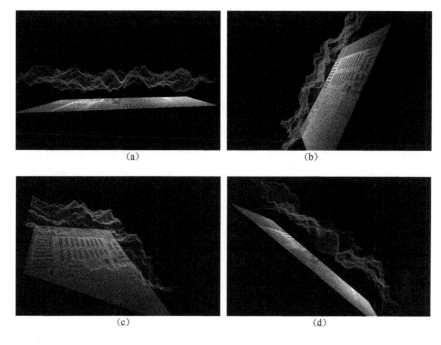

(a)   (b)

(c)   (d)

图 15

作品实现、特色和难点

1. 作品实现及难点

（1）Google5.0 的 MD 设计，扁平化设计风格。

（2）后台服务器采用 Alpha+php+mysql，应用代码部署到新浪 SAE 的云服务器上，保证 android 客户端与服务器的通信。

（3）通过使用手机的地磁传感器收集区域的地磁数据，上传到服务器。

（4）自定义图层技术。通过自己编写图层算法，实现类似于地图应用的图层，达到定位、导航的使用。

（5）路径导航规划。路径导航分为当前位置到目的地的路径及多个兴趣点之间寻求最优路径。最短路径问题采用 Floyd 算法，最优路径问题采用 TSP 临近点算法与遗传算法。

（6）上传优惠活动接口。为商家提供上传店铺优惠活动信息的接口，实时更新数据库，顾客也可以实时了解到。

（7）实景与地图方向的同一。加入方向传感器与陀螺仪传感器的使用，用户可以在客户端看到真实的地图与当前环境方向的实时匹配。

（8）摄像头导航——增强现实技术。打开摄像头可以与当前环境同步，在屏幕中显示路线指示箭头，让路痴也知道如何到达自己想要去的地方。

（9）语音识别技术，用户可以选择语音输入说出你想去的地方。

（10）Web 端信息浏览。开发 web 端让用户可以提前了解商场的一些信息。

（11）后台顾客行为、喜好分析。顾客游览的位置信息会传到服务器上，然后在服务器后台对顾客信息进行大数据分析，就可以了解到顾客的喜好信息，然而可以针对用户喜好，进行相应优惠活动的推送消息。同时可以进行商品信息分析，合理摆放商品位置。

2．特色分析

（1）界面采用最新的 Google5.0 MD 设计风格。

（2）地磁导航方式。新型的导航方式，而不依赖硬件设施，完成室内导航。

（3）自定义图层技术。编写图层算法，实现室内导航的地图层、路径层、商家店铺层、定位层等图层，很好地解决地图应用的导航路线绘制等问题。

（4）导航路线规划。路径导航分为当前位置到目的地点的路径及多个兴趣点之间寻求最优路径。最短路径问题采用 Floyd 算法，最优路径问题采用 TSP 临近点算法与遗传算法。

（5）摄像头导航——增强现实技术。打开摄像头可以与当前环境同步，在屏幕中显示路线指示箭头，让路痴也知道如何到达自己想要去的地方。

（6）后台顾客行为、喜好分析。顾客游览的位置信息会传到服务器上，然后在服务器后台对顾客信息进行大数据分析，就可以了解到顾客的喜好信息，然而可以针对用户喜好，进行相应优惠活动的推送消息。同时可以进行商品信息分析，合理摆放商品位置。

作品21　图忆

获得奖项　本科组一等奖
所在学校　中北大学
团队名称　自由度
团队人员及分工
　　组　　　长：梁桂栋：负责应用框架搭建，离线缓存，雷达难点解决，
　　　　　　　　　　　　界面设计。
　　组　　　员：李　鑫：网络数据传送，服务后台的修改与维护。
　　组　　　员：温　杰：社交功能的设计与实现。
　　组　　　员：陈　肖：雷达功能的实现，bug 测试。
　　组　　　员：袁相明：UI 交互的实现，界面美化。
　指导教师：秦品乐　王丽芳

作品概述

随着互联网的快速发展，手机以及手机应用的高速发展，"低头族"在快速壮大，互联网信息与内容越来越多样化与复杂化，但多彩的生活不是做个"低头族"，而是行走中发现生活的美，分享生活中的每一滴快乐，在快乐的圈子中发现那些志趣相投的伙伴。我们在获得快乐的同时也参与快乐的传递，是快乐的制造者，感受者与传递着，生命旅程的记忆是人们的一个个故事，然而每个人的故事都不一样，有些故事适合自己日后慢慢回味，而有些事想与更多的人分享。

当今社交分享的应用可谓百花齐放。但是能在地图上直观的展示用户分享的内容却很少，在地图上的图片文字分享能给人更直观的空间感，使分享的内容更丰富。基于位置信息快速发现附近的分享与用户更有利于用户互相结识与线下交流互动，建立兴趣组。此外，用户也有一定的私密空间，所以用户不仅可以将自己的一个生活瞬间分享到整个应用圈中，还以将自己的小故事定格于地图之上。

对此，图忆采用了"地图+即时通信+社区化"应用结构。地图模块可提供图片的分享和周围图片的获取。地图模块同时通过用户发布的分享连接到即时

通信板块，即时通信模块负责实现兴趣社交同时可建立圈子进行群聊。同样，每个用户的记录事件也可以分享到社区之中，社区中可以点赞，评论，第三方社交平台分享，让快乐传递给更多的人，而不是局限于自己的应用体系之中，更有分享推荐与用户推荐。通过三大模块的自然衔接，形成了以用户记录事件为中心，将分散用户的分享汇聚到一张地图上，多元化归一为兴趣圈子，同时用户分享空间直观化的新社交分享应用。

1. 可行性分析

针对目前 Android 平台各种各样的社交分享应用，以及应用越来越趋向多元化，所以应用的分类标签也不能仅仅是一个社交分享就能贴切的表现一个应用的本质内容。例如腾讯 QQ 拥有绝对的用户群体，依随 QQ 而衍生的产品越来越多，比如 QQ 空间也能实现用户的事件记录与分享，虽然也有位置信息，但是仅仅是一串写了地址的文字而已，用户完全不能直观地看到附近的人在哪里发布了分享，也不能直观地看到用户自己的记录。另外，当前火爆的朋友圈与微博，是用户主要的分享平台，但是此类应用均为基于时间或空间的分享，而图忆为时间与空间的结合展示。同样，当前比较流行的一款游记应用，禅游记，主要是一些长途和出境旅游的爱好分享，同时也支持在地图上显示，但是有些用户的游记在地图上显示的时候，或者没有位置信息或者只精确到某个城市，没有看中用户事件的精确位置记录。与之类似的还有面包旅行，面包旅行有较为准确的位置信息，但是却没有更为直接用户沟通的渠道，也没有兴趣圈子的组建，而是主攻游记分享与旅行规划引导。目前应用市场上将地图与即时通信结合，将时间与空间直观展示用户所发信息的软件很少，图忆这款软件定会吸引众多用户下载使用。

2. 目标群体

社交分享作为时下人们最热衷的行为，大部分人还对此有强烈的依赖性。图忆提供给用户更直观的地图分享展示，对于热衷分享新鲜事与自己心情的用户有很大的吸引力，同时地图因素的加入也会吸引一部分爱好出行或者周游的用户记录与分享自己的新鲜事与欢乐，另外，图忆结合了社区、雷达等功能，结合地图附近的分享的搜索查看，快速发现志趣相投的用户，同时可以邀请添加自建的兴趣圈子，线上热聊，线下也可以轻松组织互动，所以说这款应用适合于所有爱旅行也热衷于社交的所有用户。

作品功能和原型设计

1. 功能概述

功能名称	功能描述
添加图忆	用户可编辑图忆的文字内容、图片、位置信息描述（具体位置信息为定位到的经纬度）、事件标签、公有私有属性设置。普通联网模式可直接添加；无网时可离线缓存整个图忆事件，联网后可通过一键批量上传进行图忆发布
图忆推荐	通过后台搭建的 hadoop 平台对用户所发公开图忆进行数据分析，确定用户基本爱好，对每个用户进行图忆订制推送
附近图忆	附近图忆是直接在地图上展示附近公开的图忆，由星状菜单选择需要查看的标签；图忆可以直接被用户收藏；由用户的一个公开图忆可以跳转到该用户的用户中心查看到用户的所有公开图忆，还可添加好友进行聊天，摇一摇轮播当前查询到的图忆内容列表
个人图忆中心	包括用户自己公开图忆展示（所有用户可查看），可以在列表中侧滑设置为私有；用户图忆总表展示用户所有记录的图忆，列表侧滑可以直接修改，删除，与分享；用户还可基于时间片或者地理位置对图忆进行整合，制作为幻灯片形式进行分享
聊天沟通	支持一对一用户单聊，建立兴趣圈子互聊。聊天形式支持文字、语音、图片、位置信息
社区分享	汇聚了添加社区事件、点赞、评论、分享、关注好友动态、关注标签等基础功能，后台管理用户与内容的推荐策略
雷达模式	雷达模式是实时显示附近同时使用雷达功能的用户，支持附加内容添加（将被其他同事使用雷达的用户看到），便于用户实时发现附近的用户，挖掘更多志趣相投的用户
用户隐私保护	不同的用户有不同的个人隐私，程序锁可以防止他人得到手机后直接进入应用查看用户记录的图忆

2. 原型设计

实现平台：android studio，java SE。

屏幕分辨率：主流手机屏幕分辨率均可。

手机型号：android 4.0+的系统版本的手机。

图 1~图 8 依次为：首界面、添加图忆、图忆推荐、附近图忆、雷达、聊天界面、社区界面、个人中心。

图 1

图 2

图 3

图 4

图 5

图 6

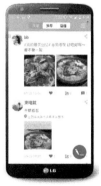

图7   图8

作品实现、特色和难点

1. 作品实现及难点

（1）作品实现

- 地图模块基于百度地图提供的开放接口，包括地图图层展示，定位功能。将后台获取到的封装数据好的数据呈现于地图之上，位置信息的获取以构成图忆事件的准确位置显示与附近查询的必要条件。
- 应用数据存储于Bmob后台，以及本地数据库，Bmob存储数据提供用户在线检索图忆，用户数据不丢失保存。
- 通信模块基于环信开放通信接口，通过个性开发，实现自己的用户构成框架。
- 社区模块使用了友盟的开放接口，实现自己的内容封装与推荐策略。

（2）难点

雷达实时共享周围用户信息的精确位置实现，离线缓存，联网一键批量上传功能的实现。

2. 特色分析

（1）时间+空间+内容的整合实现，直观清晰，用户表达方式更为多元，获取信息方面更加丰富，同时可在后台实现标签分析进行用户订制推送。

（2）地图+分享+社交的功能整合，从用户角度出发，满足用户结识其他用户的需求，使得整个应用更具人情味，使用户对应用产生更强的依赖性。

　　图忆功能的实现，用户将部分图忆批量制作为幻灯片形式，同时自定义添加音频，使用户表达心情方式更加多元化，同时图忆提供基于位置，时间等的相册整理，优化用户体验。

作品22　抗日英雄

获得奖项　本科组一等奖
所在学校　龙华科技大学 多媒体与游戏发展科学系
团队名称　六角
团队人员及分工

　　　　　　缪君悦：Android 程序开发。
　　　　　　叶家成：游戏企划。
　　　　　　杨雅涵：美术设计。
　　　　　　简绍怀：美术设计。
　　　　　　谢宗翰：音乐与音效。
指导教师　梁志雄

作品概述

2015 年，适逢抗日战争胜利 70 周年，抗战对于中华民族而言这是一段无法抹灭的历史。为了缅怀保家卫国而牺牲的抗战先烈，我们的开发团队以手机游戏为出发点，使用 Unity 游戏引擎制作出一款游戏，让玩家回到八年抗战时期，亲自感受当年炮火连天的战场。游戏中有多场八年抗战中的重要战役，每一场战役都有属于自己的关卡，玩家将扮演抗战中的士兵，利用各种武器与技能打倒来袭的敌方士兵，守护一道城墙，也是最后一道防线。

1. 可行性分析

现在大部分的人几乎都会持有一部智慧型手机，同时也因为智慧型手机的出现，导致现代人不太爱看书，一些较为弱势的文学也逐渐的被人遗忘，尤其是近代历史的部分，大部分人都只知道春秋战国、三国、宋元明清较鲜为人知的故事，近代史则有许多人不清楚，所以我们特别选了对日抗战这段历史，以游戏的方式向大众传达。

2. 目标群体

我们的游戏软件是以历史为主题，所以面向的主要是学生的手机用户，但是我们希望这款游戏能够在市场上普及，因此我们会搜集各项关于游戏的评论来逐一完善我们的游戏。

作品功能和原型设计

1. 功能概述

功能名称	功能描述
强化功能	用户可以透过在关卡中获得的金币进行能力的升级
策略功能	透过策略的编排，可以拥有多样化的战斗方式.....
货币功能	是游戏中进行强化、购买新策略的消费单位，可以在战斗中取得、或是经由商店购买取得
商店功能	随着用户等级的提升，能够增加商店可购买的策略，当金币不足时也可以透过商店进行付费购买金币...
卡片功能	卡片会在关卡中以低概率的掉落，取得的卡片可以设为队长，每张卡片都有不同的队长技能，能为战斗带来不同的效果，如：提高伤害、提高攻击速度、降低敌人移动速度等
触摸功能	在游戏中的所有操作只需触摸屏幕就能够进行

游戏实现平台：Android。

屏幕分辨率：大于 360×640。

手机型号：支持 Android 4.0 以上的手机。

"抗日英雄"游戏软件的作品截图和界面说明如下。

初始界面：

初始界面呈现给用户一个国军与日军处于对峙的状态，背景则采用中国地图，让用户一看到画面就知道这是发生在中国的战争，同时该界面会给用户一个缓冲的时间，以便进入游戏的状态，如图 1 所示。

主界面：

主界面的背景承袭初始界面，一样是以中国的地图为底图，上方为持有金币、当前等级、选单，画面中间的旗子标示关卡，单击左上的眼睛图式则会将上方选单及下方碉堡收至画面外，用户即可观看完整的背景图像，如图 2 所示。

选关界面：

单击主界面的旗子图示，画面中间即出现关卡的介绍，每一关都会有该场战争的说明，以便让用户拥有抗战初步了解，如图 3 所示。

图1

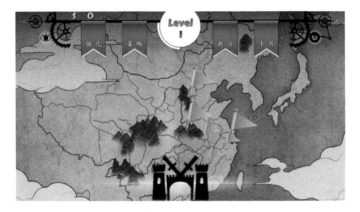

图2

图3

2．原型设计

实现平台：android studio，java SE。

屏幕分辨率：主流手机屏幕分辨率均可。

手机型号：android 4.0+的系统版本的手机。

图 4～图 11 分别为首界面、添加图忆、图忆推荐、附近图忆、雷达、聊天界面、社区界面、个人中心。

图 4

图 5

图 6

图 7

图8

图9

图10

图11

作品实现、特色和难点

1. 作品实现及难点

开发时间不足：在得知这项比赛的时候，距离截止的时间已经不到一个月，在时间上很吃紧，因此游戏的企划、美术、程式，都是一边开发一边讨论，也因此有许多的想法在游戏上都没有表现出来。

2．特色分析

单指操作：利用触屏的技术，实现简单的单指操作，透过简单的动作便能完成游戏。

作品23　人·仁爱

获得奖项　本科组一等奖
所在学校　天津大学仁爱学院
团队名称　Finner
团队人员及分工
　　　　　　张立飞：Android 代码的实现、总体设计。
　　　　　　殷　铭：具体内容的收集、词条的逻辑化处理、文档的编写。
　　　　　　张智帆：界面设计、美工。
　　　　　　刘攀瑞：外卖与社团的需求补充。
　　　　　　杜雨轩：部分词条的编写。
指导教师　李敬辉

作品概述

随着科学技术的不断发展，作为信息时代一大推动力的大学生无论是在学习和生活中都越来越多的依赖于手机软件。由于通用手机软件的设计理念，使得用户的个性化需求无法得到满足。例如，当使用者在搜索引擎中输入"在天津大学仁爱学院怎么收发快递？"，搜索引擎会给出大量缺乏针对性的搜索结果，而搜索的结果对使用者几乎没有任何的实际帮助。"人·仁爱"中的"智能机器人"是以这个漏洞为基本出发点结合仁爱学院的实际情况有针对性的开发出来的一款软件。

在设计"智能机器人"的过程中开发者运用布尔逻辑的原理实现了模糊查找，一方面最大限度地减少了开发者在开发过程中针对性处置使用者个性化需求的工作量，另一方面大大地提高了"智能机器人"在人机对话的针对性、智能性、高效性。使用者如果想加入学院的社团，只需向"智能机器人"发送"我想进入仁爱社团要怎么办呢？"再者"加入社团？"或"怎么才能进入社团？"等，"智能机器人"都会向用户弹出类似于"亲，通常是在军训结束后一至两周，各个组织及社团将开展纳新，宣传的地点会在学校人流量最大的大道到第一食堂之间，可以根据自己的兴趣爱好进行报名，各社团会在之后安排面试，通过面试之后即可成为社团的一员。"之类有针对性的回答。

上述功能的实现基于开发者海量本土化（local）词条的收集和对词条逻辑化处理实现的模糊化回答。在词条编写时，开发者从网格化和发散性的基础上从软件和硬件两个维度对词条进行编写，使词条的内容涵盖关于仁爱的方方面面，用词条构建一张包罗校园生活的大网。为了增加机器人对问题的处理能力，在词条录入机器人时，所有的词条都按照布尔逻辑进行了细致的逻辑化处理，使每个词条都能解决一到六个问题。截止 11 月 10 日，我们共录入本土化（local）词条超过 1600 条，而每个词条平均能解决 4.3 个问题，可以有针对性的解决超过 7000 个本土化（local）问题。在海量本土化（local）词条的支持下，用户只需准确的描述出自己的问题，"智能机器人"便可以针对性地给出使用者想要的答案。

使用者通过"智能机器人"可以实现人机对话，高效的、有针对性的得到精准的答案。"人·仁爱"辅之以外卖订餐、闲置转卖、社团活动、兼职查询等。所有界面都以最友好、最简洁、最有针对性的方式展现给用户，简单、实用。"人·仁爱"中的上述五个功能模块的所有信息均为仁爱学院内外全面、真实信息。所有用户界面均为开发者原创的手绘风格，"智能机器人"为每一位使用者打造的专属风格，使得"人·仁爱"在大量画面粗糙、风格落伍的传统校园软件中脱颖而出。

1. 可行性分析

国内针对于大学生的手机软件不计其数，例如，受到"阿里巴巴"投资的超级课程表，该软件主要是对各大高校提供学习交友等功能，一经推广便受到了学生群体的追捧，而与此同时，这类软件的不足也暴露出来，由于此类软件多是面向于各大高校开发的范式通用手机软件，因此，对于高校具体的、实际的问题解答有很大的局限性。可以说，解决国内高校的个性化问题是市场的一个盲点。

"人·仁爱"是一款专门为仁爱学子量身定做、针对性较强的手机软件，在包含传统的图书借阅、社团活动、访问贴吧等基础功能之上，开发者把"智能机器人"作为"人·仁爱"的核心模块。本土化（local）词条、模糊查找、针对性强的功能实现、"智能机器人"为使用者专属的风格打造使得"人·仁爱"在众多校园软件中脱颖而出。

在设计"智能机器人"的过程中，开始我们通过向仁爱的各级学生广泛地收集信息、采纳意见、筛选美化，最终选取了海量的仁爱新生在融入校园生活的过程中最关心的问题与在校生的"仁爱日常烦心事"，一一解答并记录。在此基础上我们设计了海量的自主词条，使得"智能机器人"有针对性的解答使用者在校园生活中提出的问题。

"智能机器人"智能的人机对话功能、全面的本土化（local）词条、高效的针对性服务让使用者不再担心生活中具体的烦心事无处寻找答案，不再担心学习、生活、娱乐所获取到的信息不够精准，不再担心对校园事物不够了解，"智能机器人"通过高新科技这一载体很大程度地提高了仁爱学子的生活质量。

目前，应用市场还没有类似于"人·仁爱"这样的校园 APP。在以"智能机器人"为主营特色的基础上，我们辅之以"教务网查询"、"图书馆借阅管理"、"校园一卡通充值"、"贴吧访问"这四个辅助学习生活的模块和"外卖订餐"、"闲置转卖"、"兼职查询"、"社团活动"这四个与仁爱学子娱乐生活最密切的功能模块。这九个功能模块中全面真实的本土化（local）信息、原创的手绘风格界面、友好的展示界面使得"人·仁爱"有很好的应用前景。

2. 目标群体

对于现代人而言，手机早已成为了一种生活方式，而大学生这一群体更具有尝试新事物的勇气和掌握新事物的学习能力，所以大量服务性的手机软件一经推广便受到很多大学生的追捧。"人·仁爱"特有的"智能机器人"可以准确、快捷、针对性地回答使用者在使用过程中的各种疑难、琐碎问题。因此我们坚信"人·仁爱"会有很好的前景。

目前，仁爱学院的在校生已由 2006 年建校的 2200 人增加至 10000 多人。仅百度贴吧仁爱学院的访问量目前已经达到 24,464 人次，图书借阅、登录教务网、闲置转卖、饭卡充值、外卖订餐等与学生们的生活密不可分。"智能机器人"使得仁爱学子的生活更加高质量。"智能机器人"针对性的智能回答省去了使用者获取信息浪费掉的时间，使得仁爱学子的生活节奏变得更加的快捷、生活质量大大地提高，友好的界面、贴心的服务相信定会受到大家的喜爱。

"人·仁爱"把上述功能很好地结合在了一起，以 Mobile client 的形式展现给使用者。界面友好、使用简单、为使用者提供高速、快捷的服务，这也为"人·仁爱"的推广奠定了一定的基础。

作品功能和原型设计

1. 功能概述

功能名称	功能描述
智能机器人	用户可以与"智能机器人"实现人机对话，他包含海量的自主词条、无论何时何地"智能机器人"可以针对性的回答你生活、学习、娱乐各个方面的问题。"智能机器人"的模糊查找在使用者输入包含有词条关键字的情况下，即可准确的输出用户想要获取到的信息。特别是新生入学时"智能机器人"可以准确地向你介绍周边的交通、美食、商业，以及学校的内部构造，社团活动等对于新生必不可少的校园信息；对于在校生在仁爱校园中的烦心事，"人·仁爱"中的智能机器人的海量本地词条可以解决各级学生的所有问题，闲暇时可以与"智能机器人"进行对话。"智能机器人"智能的为每一使用者打造专属的使用风格
外卖订餐	用户可以利用手机随时随地的享受外卖美食预览、手机下单、快捷支付
闲置转卖	用户可以把自己闲置的生活用品进行在线转售、同时可以发现身边的"宝贝"、通过上网浏览、发布信息等实现物品的充分利用
社团活动	用户可以在此预览到校园社团的最新信息，以及获取到各个社团的社团简介、社团活动、社团成绩、社团纳新和社团图片等。通过这些可以方便新生新学员挑选适合自己的社团以及对校园文化更好地了解
兼职信息	用户在这里可以看到学校内外发布的最新的兼职信息，实现兼职信息的预览、报名、实践
图书借阅	在此可以对学院图书馆的书本进行查找、借阅、续借
访问贴吧	进行百度贴吧的访问，浏览校园最新的实时信息
校园一卡通充值	对校园一卡通进行充值，享受校园的购物、用餐等快捷服务
教务网登录	对校园教务网系统进行快捷访问、浏览校园的最新发布信息、查询课表、网上报名等

2. 原型设计

实现平台：Android4.4。

手机型号：适用于 Android4.4 原生操作系统、及衍生操作系统的手机。

起始界面如图 1 所示。

图1

作品实现、特色和难点

1．作品实现及难点

使用 HTTP 协议访问网络、JOSN 进行数据解析，以及 Frogment.listview 镶嵌使用还有 listview 灵活应用。JSON(JavaScript Object Notation) 是一种轻量级的数据交换格式。它易于阅读和编写，同时也易于机器解析和生成。JSON 是基于 ECMA262 语言规范（1999-12 第三版）中 JavaScript 编程语言的一个子集。JSON 采用独立于编程语言无关的文本格式，但是也保留了类 C 语言（包括 C，C++，C#，Java，JavaScript，Perl，Python 等）的习惯。这些特性使 JSON 成为理想的数据交换格式。可以把 Fragment 想成 Activity 中的模块，这个模块有自己的布局，有自己的生命周期，单独处理自己的输入，在 Activity 运行的时候可以加载或者移除 Fragment 模块。可以把 Fragment 设计成可以在多个 Activity 中复用的模块。当开发的应用程序同时适用于平板电脑和手机时，可以利用 Fragment 实现灵活的布局，改善用户体验。

2．特色分析

（1）"人·仁爱" 中的智能机器人，是一款专门为仁爱学子量身定做的校园软件。我们通过对新生入学时所最关注的问题以及在校生在大学生活所遇到的仁爱日常事务进行问题优化和问题收集，为智能机器人添加的海量本土化

（local）自主词条提供了可靠真实性。运用布尔逻辑化处理实现的模糊查找功能可以快捷、高效有针对性的解决使用者在仁爱校园所遇到的所有问题。

（2）与传统的通用性很高的面向各大高校的校园 APP 不同，"人·仁爱"是一款面向于仁爱学子的校园软件。我们从使用者的角度出发，将生活、学习、娱乐很好地融合在一起，选取仁爱学子最常用的九个方面，界面友好，减少了使用者平日里访问垃圾数据的时间。

"人·仁爱"中的所有用户界面均为开发者原创的手绘图，开发者在 Photoshop 的技术支持下，结合仁爱学子生活、学习、娱乐的各方面绘制出各个功能模块的界面友好的、时尚的界面风格。

作品24　伴侣

获得奖项　本科组一等奖

所在学校　天津工业大学

团队名称　WEGO

团队人员及分工

　　　　　刘锴翔：组织成立开发小组，项目开发流程设计、技术指导。

　　　　　曹志远：数据库设计及开发。

　　　　　王旭东：app 页面设计、activity 构建。

　　　　　温猛猛：根据设计文档进行开发。

　　　　　姚晨晨：市场调研及文档整理。

指导教师　任淑霞

作品概述

1．项目背景

随着旅游者旅游需求的多元化发展，人们出游的方式发生了很大变化，从以前的随团旅游到自助游等方式的转变，旅游者更趋向自行安排旅游行程。但一个人赴异地旅行往往会遇到种种困难。自助游爱好者到达目的地以后，往往需要查看地图、找人问路、搜索车站、安顿食宿等诸多步骤，这些事情往往要花费大量的精力和旅行费用。而大学生作为旅游大军的重要一员，他们对外部世界较高的知晓度促使了他们普遍具有旅游的欲望，将旅游作为一种了解异域、拓宽视野、接触社会、陶冶心情的有效途径，并且大学校园具有极高的网络和智能手机普及率，为以网络为重要媒介的互助游提供了便利，但是大学生经济能力有限，只能追求低成本下的出游。于是，"互助游"，这种被称为"最省钱的深度游"的旅游新形式，以其实惠、方便、深度以及可以结识新朋友等特点，必然会受到大学生的追捧。

而大学生要寻找互助对象往往很困难，一般是通过在百度贴吧、互助游网站或豆瓣网发帖查找地主。而这样的方式得到的用户相应往往很忙，周期很长不利于互助游的发展。

现在市场上的互助游网站的模式都是采用帖子进行查找，形式单一、互动性差。而很多旅游软件都是以旅游攻略，旅游介绍的形式出现，很少具备互联网交友的形式出现。所以，我们团队决定开发一个基于互联网交友方式下的互助游产品。

2. 项目目的

为伴旅（大学生互助游）提供互助平台，互助好友可以通过该软件很便捷的找好互助好友，可以避免用户采用贴吧形式寻找地主的时间周期和不确定性。大学生可以通过该平台和互友进行聊天，通过聊天更好地了解互友，为互助提供更好的安全前提。考虑用户到达目的景点去找到互友，因对地理的不熟悉而产生不便，伴旅提供了"连他"的功能，用户便可以在地图上显示他与互友之间的最短路径。项目为大学生旅游寻找同伴提供了一个良好平台，增强大学生之间的联系，和信任。

3. 术语及缩略语

条目	描述/全称
地主	目的景点，能提供你帮助的人
伴旅	大学生互助游
互友	可互助对象

可行性分析和目标群体

1. 可行性分析

国内针对于大学生的手机软件不计其数，例如，受到"阿里巴巴"投资的超级课程表，该软件主要是对各大高校提供学习交友等功能，一经推广便受到了学生群体的追捧，而与此同时，这类软件的不足也暴露出来，由于此类软件多是面向于各大高校开发的范式通用手机软件，因此，对于高校具体的、实际的问题解答有很大的局限性。可以说，解决国内高校的个性化问题是市场的一个盲点。

"人·仁爱"是一款专门为仁爱学子量身定做、针对性较强的手机软件，在包含传统的图书借阅、社团活动、访问贴吧等基础功能之上，开发者把"智能机器人"作为"人·仁爱"的核心模块。本土化（local）词条、模糊查找、针对性强的功能实现、"智能机器人"为使用者专属的风格打造使得"人·仁爱"在众多校园软件中脱颖而出。

在设计"智能机器人"的过程中，我们通过向仁爱的各级学生广泛地收集信息、采纳意见、筛选美化，最终选取了海量的仁爱新生在融入校园生活的过程中最关心的问题与在校生的"仁爱日常烦心事"，一一解答并记录。在此基础上我们设计了海量的自主词条，使得"智能机器人"有针对性的解答使用者在校园生活中提出的问题。

"智能机器人"智能的人机对话功能、全面的本土化（local）词条、高效的针对性服务让使用者不再担心生活中具体的烦心事无处寻找答案，不再担心学习、生活、娱乐所获取到的信息不够精准，不再担心对校园事物不够了解，"智能机器人"通过高新科技这一载体很大程度地提高了仁爱学子的生活质量。

目前应用市场还没有类似于"人·仁爱"这样的校园 APP。在以"智能机器人"为主营特色的基础上，我们辅之以"教务网查询"、"图书馆借阅管理"、"校园一卡通充值"、"贴吧访问"这四个辅助学习生活的模块和"外卖订餐"、"闲置转卖"、"兼职查询"、"社团活动"这四个与仁爱学子娱乐生活最密切的功能模块。这九个功能模块中全面真实的本土化（local）信息、原创的手绘风格界面、友好的展示界面使得"人·仁爱"有很好的应用前景。

2. 目标群体

盈利方式主要有三种方式，向网站的 VIP 会员收取会员费，与合作商家中提取消费额的 2%，向旅行社的销售提成收取 5%的费用，软件用户达到一定数量情况下可为旅游相关企业添加广告收取费用。

根据《中国统计年鉴 2010》数据显示，截止 2009 年底，我国普通高校在校生人数 2144.657 万人，而大学生群体只是互助游群体的一个部分。在大学生群体当中，根据调查问卷情况可以看出，45%的大学生都喜欢旅游，30%以上的大学生都支持和喜欢互助游，并且乐于参与到互助游。

作品功能和原型设计

1. 功能概述

（1）寻找互友：通过强大的搜索功能，按条件搜索出用户所要进行互助的好友，为用户寻找互助好友提供了方便。

（2）互助圈子：学生可以在学校寻找相同兴趣爱好的旅游爱好者一起参与旅游，该功能模块是方便用户寻找同伴。例如，大学生可以加入自行车旅行圈子，和那些共同兴趣爱好的人一起旅游。

（3）互助帖子：用户可以采用传统的帖子方式进行寻找互友、分享信息、寻找住宿、寻找同伴、资讯问题等。

（4）好友列表：显示所有互友，可以对互助好友进行评价，内嵌聊天功能。

（5）个人信息管理：个人信息的查看和修改。

（6）互友评价：对互友进行评价，为其他人提供信息参考。

（7）连他：当用户与互友正进行"连他"功能时，伴旅 android 客户端为将用户和互友坐标显示在地图上，并显示用户与互友之间的最短路径，方便用户寻找到互友。

结构图如图 1 所示。

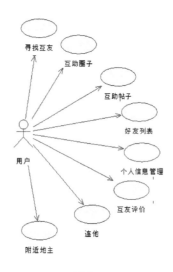

图 1

2. 原型设计

移动终端：Android 移动手机。

服务器：入门型 VPS 主机。

处理器：IntelXeon 5645/E5-2620*2（双核）。

系统：可选 Windows 2003 sp2/CentOS 6.2。

网卡：Intel 1000M 自适应以太网卡。

内存：1 GB ECC。

硬盘：40G SAS 硬盘+40G SATA（智能备份）。

带宽：3M 独享。

（1）登录模块（图2、图3）。

图2   图3

功能描述：判断用户是否能够登录，如果失败给出相应提示，如"用户名不存在"，否则成功进入主页面。登录成功后获取用户当前位置，保存到当前用户信息中，并在主页显示出来。

技术实现：

①采用正则表达式验证手机号码。

②采用 webService 判断用户是否能够登录成功。

③使用谷歌地图获取用户当前经纬度并解析成具体的地址。

（2）注册模块（图4）。

图4

功能介绍：用户根据手机号码注册伴旅账号，并根据用户当前城市获取该城市大学供用户在填写大学时选择。

技术实现：①采用 gps 定位获取用户当前坐标，并解析成所在城市。

②使用 websevice 技术获取该城市所有学校。

（3）主页（帖子板块，图5～图8）。

图 5

图 6

图 7

图 8

功能介绍及技术实现：

①菜单采用流行的抽屉拖动式菜单，单击头部或单击滑动首页则可拖出菜单。该功能采用了手指触控技术以及 android 动画处理。

②主页主要显示所有的帖子，用户可以根据自己的需求选择相应条件获取

帖子。用户按帖子类型进行筛选帖子（帖子类型有：找地主、求住宿、寻同伴、资讯、分享），也可以在搜索框中输入景点或目标城市查找相关的帖子，方便用户获取信息。该部分客户端界面在选择标签时采用窗口式 activity 和动画技术实现，在整个搜索过程中服务器才用 hibernate 技术对数据进行检索。

③用户单击单个帖子可以进入查看帖子详细展示。

（4）发布帖子（图9）。

功能介绍：

该部分主要给用户提供发布帖子寻找互友、宿舍、同伴或进行分享旅途愉快、资讯旅游相关信息提供服务。

①用户可以根据自己的内容类型选择标签。

②用户根据自己需求添加照片，照片可以现场拍摄或从相册中获取。

③用户在景点处需写明目的地、景点。

技术实现：

采用 Android 照相技术进行拍照、或从相册中获取

图9

（5）寻找互友（图10～图12）。

图10

图11

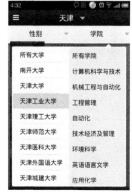

图12

功能简介：

该部分是为了方便用户寻找互友所设计的，以往寻找互友的方式都是通过发帖子，这样时间长，而且不确定性多。为了解决该问题，我们采用了根据用

户注册信息，搜索相关用户的方式。有些类似人人，QQ 的高级查找。这样的方式可以更加快捷地找到地主、同伴。

技术实现：

①采用多条件选择的 sql 查询方式获取相关用户信息。

②前台采用 Animation 动画类渲染界面。

（6）互友管理。

功能简介：

显示用户所有的互友，用户可以查看互友信息，增强对互友的了解。用户与互友完成互助之后可以对互友进行评价，用户对一个互友只能评价一次。用户可以删除、修改好友的备注。互友之间还可以进行聊天，通过聊天增强彼此的了解，减少互助过程中的风险。

（7）互助圈子（图 13、图 14）。

图 13   图 14

功能简介：

主要是为那些具备共同爱好兴趣的旅游爱好者所设立的。大学生旅游爱好者可以在软件里找到具有相同兴趣的圈子，加入该圈子。也可以自己创建圈子，成为管理员。在圈子里大家可以一起讨论爱好、旅游。也可以讨论一起结伴旅行，如该圈子是一个自行车旅行圈子，用户便可以找到共同爱好的人，通过讨论确定一起骑车旅行。

技术实现：该部分采用了多人聊天模式。

（8）附近商家模块（图15～图18）。

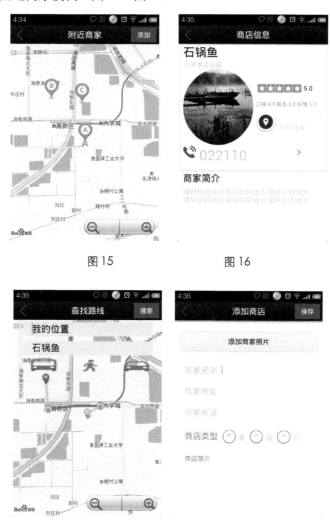

图15　　　　　　　　　　　图16

图17　　　　　　　　　　　图18

功能简介：

根据用户当前位置，以地图显示出附近所有注册商家，单击某个商家时可以进入到商家详细介绍页面。如果用户感觉喜欢那个商家，可以单击获取路线，并在地图上显示，同时可以选择驾车、公交、走路等形式。

技术实现：使用安卓API获取经纬度，使用百度地图显示位置和路线规划。

（9）个人信息模块（图19～图21）。

图19　　　　　　图20　　　　　　图21

功能简介：

为了增加用户对其他人的了解和用户信息的透明度，个人详细信息页面显示出用户所有真实信息，并可以对自己信息进行修改。

（10）聊天模块（图22、图23）。

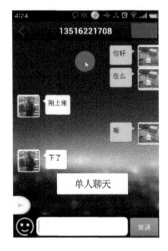

图22　　　　　　　　　图23

该模块主要是服务于互友管理和互助圈子。通过聊天促进彼此的了解，减少互助过程中的风险。

服务器端通过 serviceSocket 不停的监听来自客户端的请求。用户发送的是登录请求，登录成功时为该用户创建一个线程保存到用户线程池中。如果用户发送的是消息请求则首先去用户连接池中，服务器端聊天架构设计如图 24 所示。

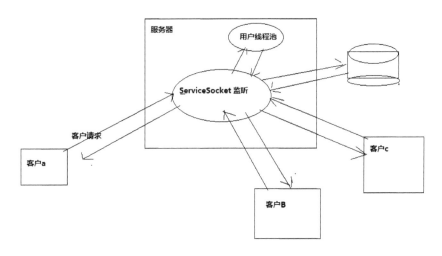

图 24

获取对方用户线程，如果没有该线程（用户不在线），则保存到数据库中。如果存在该线程，服务器将用户聊天内容转发给对方。

用户消息用 Message 类进行封装，类中设置 msgType 属性用于对消息类型进行分类处理。用户与服务器端的数据传输采用 Socket 传输，中间使用的文件流是类输入输出流。

移动客户端聊天架构如图 25 所示。

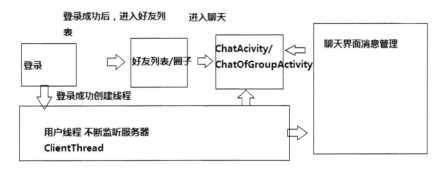

图 25

当用户登录成功后就创建一条线程，保持客户端与服务器端之间的连接。当接收到来自服务器端的数据后，更新相应的聊天界面。

（11）消息模块。

提醒用户，便于用户操作。消息类型有：好友申请、帖子评论、互友评论、离线消息。

根据不同的消息类型进行分类，用户可便捷地查看系统消息。

作品实现、特色和难点

1．作品实现及难点

任何软件的开发，其主要难点均来自于两个方面，一是软件管理，二是软件体系结构。软件产品的开发是工程技术与个人创作的有机结合。软件开发是人的集体智慧按照工程化的思想进行发挥的过程。软件管理是保证软件开发工程化的手段。软件体系结构的合理程度是取决于集体智慧发挥的程度和经验的运用。

（1）软件管理

因为互助游的新兴性，国内没有一个比较标准化的业务流程，这些流程只能靠本团队的人研究设计。而项目业务流程又影响一个项目的开发进展以及软件的质量是否符合要求难于度量，从而使软件的管理难于把握。

（2）软件体系项目

该体系架构都是伴旅团队成员设计，由于技术水平能力有限，知识有限。在开发过程中难免一些细节忽略。而且该项目目前使用于用户量小的情况下允许，大量数据访问的情况不能保障其稳定（数据库采用 mysql）。

2．特色分析

（1）优势

①市场优势。

目前，市场上并不缺少旅游相关产品，但它们都是以提供旅游攻略为主，即使与互助游相关，都是以网站发帖形式，不方便而且表现单一。而我们软件给大学生提供了一个全新的安卓旅游平台，用户可以很方便搜索到符合自己要求的用户，并可以及时聊天以了解对方，功能方面有一定的优势。

②用户人群优势。

我们产品以大学生为核心用户群。一方面大学生具有较强的自我意识，充足的时间，趋于选择灵活度更大的旅游方式；另一方面大学生普遍缺乏经济来源，经济实惠的互助游对他们有很大的吸引力；同时，大学生普遍道德修养较高，容易建立互信，互助良好关系。

③平台优势。

随着"后PC时代"的来临，Android系统正在成为全球最受欢迎的应用平台之一，每天40万部Android手机的激活量直接预示着，巨大的用户群必将成为相关产业竞相追逐的对象和焦点。现在已知的互助游产品主要以简单网页发帖为主，而我们以安卓为平台，在移动互联网大趋势下，更早的推出互助游产品。

④安全优势。

将互助游和结伴游以公司运营形式可以过滤用户对互助过程中的安全性隐患。每一个"地主"都公开真实姓名和学校，与现实社会同步，同时公布旅游行程，改变了传统网络的虚拟的弊端，提高了每个人的透明度 。

（2）项目亮点

①主题。

互助游拓展和延伸了传统旅游"六要素"内容的深度与广的地景观、风土人情有更深的体验，更准确的认识；互助游同时还提供了一个旅游交友的机会，主客双方通过网络认识，通过互助游成为朋友，共同分享旅游的乐趣，既拓展了视野，又扩大了交友圈，情感上得到极大地满足；有助于实现真正意义上的跨文化交流。

②功能。

一方面我们的项目通过标签提供各种形式的发表帖子，如求互助、求同伴，求咨询等。另一方面建立聊天平台，以供找到互助用户可以及时通过聊天了解对方。同时，以创建群的形式集结，把有共同爱好、共同梦想旅游地点的人聚在一块，从而可以启动团游计划。

③进阶。

提供会员制，加入会员的用户可以得到更多的优惠，如只要会员对其他任何会员提供一次互助，就能得到一次别人的互助，这样就不仅限于个人对个人，从而拓宽了旅游的范围，使游遍全国成为更轻松的事。

④互联。

Android手机平台下的应用开发，在移动互联网飞速发展的时代，Android手机应用传播速度快，只要软件市场有需求，我们的产品就可以长盛不衰；互助游作为时尚快捷有意义的新兴旅游模式，将会越来越受到广大游客的青睐，而本软件将会让大家体验一次"说走就走的旅行"，让自己的大学生活不再有遗憾；本软件还为用户提供了路线指示，用户选择完目的地之后，系统将会为用户指明路线，这样用户就可以少走弯路，直达目的地；未来移动互联网，交友和地图将会占很大一份比重，本款软件集合了这两大特点。

（3）产品竞争优势

①成本优势。

项目是以安卓作为开发平台，可把软件免费发布到百度应用等安卓市场。我们团队三个人，两个人负责项目设计编码测试等工作，人员投入不大，项目开发所需要的服务器有学校支持，推广方面因为是本校推广，能节省不少广告投放成本，低成本使我们软件有更多的竞争力。

②市场优势。

安卓平台还没有类似的互助游产品，我们的软件算是第一批。同时，我们针对的人群是我们身边熟悉的大学生，互助游产业在大学生中会有巨大的潜力。

③创意优势。

互助游作为继团队游自助游之后新兴的旅游方式还没有真正被社会普遍接受，但这种经济实惠有趣的旅游方式必然会成为主流。软件提供了一个平台，用户可以享受到不同的旅游体验，同时还能在旅游过程中结识到朋友，可谓是一举两得。

作品25　监控者Supervisor

获得奖项　本科组一等奖
所在学校　天津理工大学
团队名称　Finner
团队人员及分工
　　　　　　魏显铸：系统优化模块的编写及功能整合。
　　　　　　欧瀚阳：手机防盗模块、释放内存模块的编写及功能整合。
　　　　　　赵少轩：软件测试和问题反馈。
　　　　　　刘佩云：UI 设计。
　　　　　　魏　泽：通信卫士模块的编写。
指导教师　王春东

作品概述

随着智能手机时代的到来，人们的生活越来越不能离开手机了，手机方便着我们的生活的同时，随之而来的就是手机的安全问题和手机管理的问题。

我们每天都有可能受到骚扰电话和骚扰短信的烦恼，每天也都为自己手机内存和缓存太小所烦恼着，同样也担心着手机丢失。

监控者 supervisor 这款软件包含四个功能：系统优化、通信卫士、手机防盗、释放内存。其中，系统优化和释放内存这两个功能可以有效解决手机使用过程中产生的缓存垃圾和内存垃圾。通信卫士则能有效的拦截骚扰电话和骚扰短信。我们最强大的的功能还是手机防盗，该款软件手机防盗功能可以实现换卡监听、远程备份通信录、远程获取手机当前所在位置、远程锁定手机、远程给手机恢复出厂设置。这些强大的功能组合在一起就可以帮你处理手机日常使用的一些烦恼，还有我们会尽最大可能帮你解决手机丢失的后顾之忧。

1. 可行性分析

各大公司都拥有自己的安全手机软件，但是拥有手机防盗功能的少之又少，但是我们对手机丢失的担心却一直存在，我们的软件比大公司们的安全软件更加轻量化，不会产生大量的数据交换，也不会私自上传用户的个人信息。

我们的手机防盗功能分为换卡监听、远程短信控制。假设我们手机丢失了，我们就可以立刻给自己的手机号发送一个请求位置的短信，这样我们就能查看我们手机的位置，来推断是手机遗落在哪里还是被偷了，就是手机被换卡也无所谓，我们的软件会立刻用小偷的手机卡给我们的安全手机号发送一条短信，这样有了小偷的电话号码更容易找回来手机了。我们的软件还具有锁定手机和格式化手机的功能，更好地保护用户的隐私。我们远程控制还支持备份通信录功能，帮助用户找回丢失的通信录。同时我们的软件是不能正常卸载的，就防止了在手机被盗后软件被卸载，所有的功能都失去了作用。

手机防盗使我们软件的特色之处，我们同样也拥有其他管理手机的功能，系统优化和释放缓存可以让用户更顺畅的使用手机。通信卫士则能为用户屏蔽骚扰的电话和信息。

2. 目标群体

所有使用安卓手机的人，我们的软件更加轻量化，更加贴近用户。

作品功能和原型设计

1. 功能概述

功能名称	功能描述
系统优化	获取所有安装的软件所占的资源情况
通信卫士	对只响一声且不在通信录中的电话号码添加到黑名单，对黑名单中的号码来电和短信和进行拦截。 长按黑名单中的号码可以对其进行编辑
手机防盗	换卡监听：读取 SIM 卡的 IEIM 值，对比前后值是否相同，从而判断是否换卡。 远程控制：当换卡后回向用户设置的安全号码发送一条远程控制介绍短信，其中包括： #backup# 备份通信录 #location#获取手机位置 #lock#锁定手机 #wipe#恢复出厂设置
释放缓存	根据系统给进程定制的等级关闭进程

2．原型设计

实现平台：android 4.0。

屏幕分辨率：≥1920 x 1152。

手机型号：系统为 android4.0 及以上且分辨率≥1920×1152 的手机。

3．功能界面展示

图 1～图 4 为引导界面，图 5 为主界面，图 6 为系统优化界面，图 7 为内存释放功能，图 8 为通信卫士界面，图 9 为手机防盗设置界面，图 10～图 12 为手机防盗界面。

  图1   图2   图3   图4

  图5   图6   图7

图 8   图 9   图 10

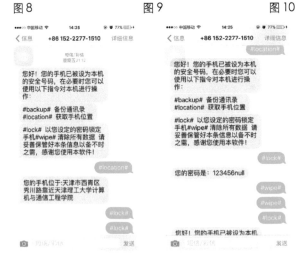

图 11   图 12

作品实现、特色和难点

1. 作品实现及难点

手机防盗功能中对收到短信设置的监听器和还原出厂设置功能的实现。

通信卫士中对黑名单电话的拦截，由于上层架构中不存在手机挂断的函数，所以我们运用到了接口调用语言 AIDL。

2. 特色分析

①和传统大公司的软件相比较更加轻量化，不会产生任何垃圾文件。

②手机防盗功能为用户做好手机安全的保障，能帮助用户更好地找回手机或者清除信息保护用户的隐私。

　　③软件不能正常卸载。

　　"人·仁爱"中的所有用户界面均为开发者原创的手绘图，开发者在Photoshop的技术支持下，结合仁爱学子生活、学习、娱乐的各方面绘制出各个功能模块的界面友好的、时尚的界面风格。

作品26　奔跑（Running）

获得奖项　高职组一等奖

所在学校　渤海理工职业学院

团队名称　King

团队人员及分工

申志坤：系统优化模块的编写及功能整合。

王世刚：手机防盗模块、释放内存模块的编写及功能整合。

李鹏涛：软件测试和问题反馈。

田　鑫：UI 设计。

指导教师　和　刚　张春茂

作品概述

奔跑项目的内容确立是由开发小组多次会议讨论确定的，在这期间，开发小组成员做了大量的市场调查，调查当中发现，人们对于手机功能的应用除了联系他人之外，更多的还是以娱乐形式来放松自我。这便成为了我们决定设计这款 3G 智能手机游戏软件的主要原因。

我们所开发的 3G 智能手机游戏软件以"奔跑"为主题，因为在当今飞速发展的时代，慢节拍的生活节奏最终会被淘汰。进入游戏界面开始游戏，黑色的小昆虫就会在屏幕界面来回"奔跑"，特效音乐随之响起。小昆虫会在回家的途中遇到各种陷阱，为了让小昆虫吃饱米粒并且安全回到家，就需要用户在屏幕界面画一段直线障碍使小昆虫的行走路线发生折返，若是遇到陷阱后没有及时躲避或走出可视区，则游戏结束。

此外，作为一款益智休闲类游戏，我们也希望展现出一些与其他游戏软件不一样的特色。相比市场上的主流的益智类游戏软件，我们开发设计的这款 3G 智能手机游戏软件更注重的是让用户在游戏的过程中开发大脑思维，锻炼反应速度，在送小昆虫回家的时候也拥有一颗善良的心。我们更注重的是用户心灵的启发，因为社会虽复杂，但相信人间自有真情在。这样让游戏更具有积极向上的意义。因为我们觉得心灵美才是最高贵的品德，选择积极向上的游戏，人也会被感染，这样游戏才更有实际意义。

作品可行性分析和目标群体

1. 可行性分析

这款智能手机游戏软件对手机的硬件要求相对较低，仅为触屏手机即可。游戏软件的用户量是我们最关心的，用户量上去了才能收到大量的用户反馈，同时我们更希望得到用户关于这款游戏的一些看法，让我们可以更好地做后期的改进，这样也能将联机功能发挥到最大化。

从技术可行性分析，占用内存较小，方便下载装机，无广告，属于益智游戏款型。

从操作可行性分析，操作简单，好学易懂。

从经济可行性分析，单机类型，无须联网，无购买装备等其他设计要点。

2. 目标群体

我们这款智能手机游戏软件是以奔跑为主题，所以面向的主要是工作压力较大，在休闲时酷爱玩游戏的手机用户。我们想通过这些新颖的闯关技巧去吸引不同的用户。

当然，我们更希望通过功能的完全实现，去吸引更多的用户参与到这款游戏中来，并且通过我们的软件让更多的用户学会在事业中勇敢地奔跑，阳光总在风雨后，也希望通过对他们的了解来完善软件。

作品功能与原型设计

1. 功能概述

功能名称	功能描述
关卡功能	每关游戏所对应的陷阱不同，难易程度不同
积分功能	小昆虫在吃到一粒米后得分会相应增加，吃到的米粒越多，得分则越高。若是遇到陷阱后没有及时躲避或走出可视区，则游戏结束。相应的得分也会下降
触摸功能	在游戏中需要用户在屏幕界面画一段直线障碍使小昆虫的行走路线发生折返，进行游戏
联网功能	单机类型，无须联网，随时随地可以进行游戏

2．原型设计

游戏实现平台：安卓。

屏幕分辨率：任意分辨率。

手机型号：安卓手机。

"Runnin" 软件的作品截图和界面说明如下。

Logo 界面：

Logo 界面呈现给用户一个充满绿色的草地，绿的背景带给用户一抹新意与亲切感，同时该界面会给用户一个缓冲的时间，以便进入游戏的状态，如图 1 所示。

登录界面：

用户在这个界面可以登录、设置帮助或退出。该游戏无须进行注册，可直接登录，用户单击"开始"即可直接进入游戏。这个过程的背景依然是小组设计软件的背景，如图 2 所示。

图1   图2

作品实现及特色分析

1．作品实现

小昆虫会在回家的途中遇到各种陷阱，为了让小昆虫吃饱米粒并且安全地回到家，就需要用户在屏幕界面画一段直线障碍使小昆虫的行走路线发生折返，若是遇到陷阱后没有及时躲避或走出可视区，则游戏结束。

2. 特色分析

画操作：利用手机的触屏功能，在屏幕界面画一段直线障碍使小昆虫的行走路线发生折返，其特色在于可以增加人机交互性，使用户可以通过多种渠道与游戏进行交互。

作品27　U酒保

获得奖项　高职组一等奖

所在学校　天津中德职业技术学院

团队名称　新风创意团队

团队人员及分工

　　　　　　吕彦霏：项目整体框架搭建、设计及核心技术研究。

　　　　　　何　花：负责整个项目的调试工作。

　　　　　　谈　蕾：负责需求获取，搜集相关资料。

　　　　　　张震同：完成技术难点的设计实现。

　　　　　　谷晓文：推广模块的研发。

指导教师　王新强

作品概述

　　目前，最普遍的酒精检测是由交警进行个别用户检测，但是很多情况下大家普遍不愿意接受交警的检查，而且对于交警来说逐个检测所有驾驶员显然不可能实现。为了能使用户更方便，更普及地进行酒精浓度的检测，现在市场上急需一款便携式酒精检测系统，在减少酒驾的同时为我们的安全提供保障。

　　根据此背景，我们进行了基于安卓平台的便携式酒精检测系统的研发。本系统基于安卓开发环境，运用 MVC 开发模式进行编写，项目中使用了扁平化的 UI 设计，让用户体验更加舒服，数据间使用蓝牙模块进行数据传输，通道使用了 Socket。系统主要分为酒精检测、知识推荐、打的、代驾和保险推广四个模块。用户可以通过简单的操作进行检测，同时知识推广功能会提供一些饮酒常识、驾车技巧给用户。并且，当用户饮酒过多时可以随时随地找代驾、打的。在系统中我们还提供了保险的推广，提供最优惠的保险给用户选择。

　　"U 酒保"基于安卓平台的酒精检测系统，是安卓端用于发送命令和展现数据的工具，该系统的使用者面向所有用户。用户可进行登录、检测酒精浓度、查看科普知识、浏览保险信息等操作，同时用户还可进行打的、找代驾的服务。

作品可行性分析和目标群体

1. 可行性分析

随着人们生活质量不断提高，各类娱乐活动和应酬日益增多，似乎喝点小酒也成了应酬必备的一项，然而酒后驾驶已经日益威胁到我们日常的生活安全，由此我们根据交警的酒精检测仪延伸设计出了 U 酒保这款 APP。

在我们现在的生活中，由交通所造成的安全事故已经成为我们人身安全的最大威胁。在世界各地每年有好几十万人在车祸中失去生命，而造成这些交通事故的基本因素有人、车、路、环境与管理等各方面，其中驾驶员本身的因素占 70% 以上，而酒驾是悲剧发生的最重要的原因之一。有数据显示，有 30%～50% 的交通事故由酒驾造成。酒后驾车的交通事故率为 6%，比普通人高出 5 倍。我国交通法规定：禁止酒后驾车。在我们的调查中，司机承认酒驾的有 11%，往往有 2% 的司机经常酒驾。酒后驾车与车祸的关系是毋庸置疑的。在美国将近 46% 的交通事故与酒驾有关，而在德国有 70% 的交通事故与酒驾有关。据美国、日本和其他国家的研究，人体摄入 0.09%、0.03%、0.15% 浓度的酒精时，驾驶能力分别会降低 10%、25%、30%。饮酒会导致司机视觉能力、触觉能力、判断能力、注意力等各方面下降，从而造成悲剧的发生。

现在我们国家的相关法律也有相关的规定，如果在一年内曾经被处罚 2 次以上，那么驾照就会被直接吊销，在一定时间内是不允许驾车的。在国外，饮酒驾车就会使自己失去工作，因为那里的人们不会同意一个喝了酒的司机去载他们上下班，在他们看来，喝酒是对司机行业的不尊重，大多数人会举报司机的这些不好行为。酒驾所造成的交通事故对国家、他人、自己产生了无法估计的后果，所以为了减少这种现象的发生，全世界都在想办法来解决或者减缓该事件的发生。

首先，饮酒后酒精会通过消化系统被人体吸收扩散，经过血液的循环，大约会有 90% 的酒精通过人体肺部呼气的形式排出，因此我们只需检测呼出气中的酒精浓度，便可以判断该司机的饮酒程度。而司机只需要将嘴对着检测头使劲呼出气体，安卓端就能显示用户在此刻的酒精浓度所占的百分比，从而得出结论，判断司机是否适合继续驾车，一定程度上能避免事故的发生。

然而，现在人们对酒后驾车的危害性认识逐渐加深，喝过酒的司机们通常不会再去开车，那是不是意味着我们的 APP 没有实际意义了呢？事实并不是这样，大多数司机喝过酒之后，第 2 天体内也是含有酒精的成分，此时如果想要驾车，就要实时检测一下自己的身体了，而且这款 APP 还提供了实时打车和找代驾的功能，可以使酒后的司机出行更加便捷。

2. 目标群体

司机酒后驾车及醉酒驾车都是非常容易造成交通事故的，严重威胁到了国家和个人生命财产安全。所以我们设计的 U 酒保主要针对的就是习惯饮酒或者应酬过多的群体。

这个酒精检测系统在日常企业生产中也是很有用的，比如，在有的要求比较严格的生产车间，用该监测系统可以很方便地进行检测，当酒精浓度高于车间限定值时，提示检测人员，及时通风换气，做到安全生产。

作品功能与原型设计

1. 功能概述

功能名称	功能描述
基于安卓平台的便携式酒精检测系统（安卓端）	用户登录、酒精检测、打的找代驾、保险浏览、科普知识
基于安卓平台的便携式酒精检测系统（服务端）	用户注册，登录、个人信息修改、信息修改、产品介绍
安卓端登录模块	系统设置、软件分享
酒精检测模块	检测酒精浓度
打车、找代驾模块	打车功能、找代驾功能
科普知识模块	驾车技巧、养生知识、饮酒技巧、饮酒危害

2. 原型设计（图 1）

实现平台：Android 4.3 以上版本。

屏幕分辨率：≥1920×1080。

手机型号：适用于 Android 4.3 版本以上并且屏幕分辨率≥1920×1080 的手机。

图1

作品实现、难点及特色分析

1. 作品实现及难点

系统功能实现，安卓端版本控制模块。

（1）引导功能

图2为引导功能，在用户首次下载并安装该软件时，会提示用户当前版本及该软件的功能，当用户执行完该操作时才可进入欢迎界面，当进入欢迎页面时系统会判断当前的版本，如果不是最新版本便会提示用户进行升级。

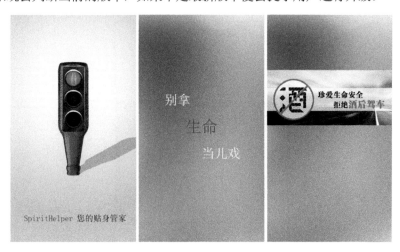

图2

（2）酒精检测模块

图 3 为酒精检测功能，在检测模块已连接的情况下，通过单击"立即检测"按钮进行检测便会得到相应的酒精浓度，如果检测模块未连接或者连接不成功，会提示用户重新连接。

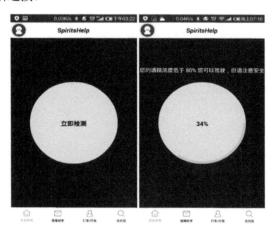

图 3

（3）科普知识模块

酒精记录曲线。图 4 为酒精检测的记录曲线图，将用户最近一段时间内检测的酒精浓度进行记录并显示。

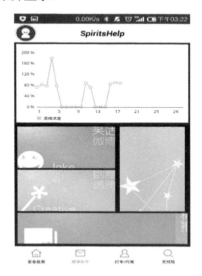

图 4

科普知识。图5为科普知识功能，主要分为四大类：养生知识，驾车技巧，酒驾危害，自救常识。

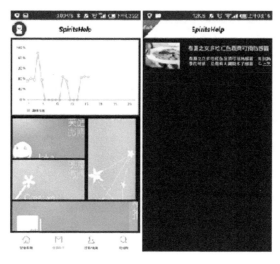

图5

（4）打车、找代驾模块

①司机信息浏览

图6为打车、找代驾总界面及司机列表信息，该信息包括司机的等级、驾龄、司机编号、姓名等详细信息。

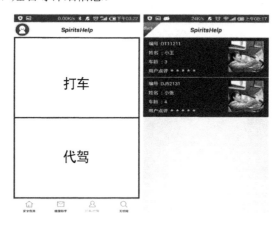

图6

②浏览司机信息及呼叫服务

图7为查看司机信息及调用系统进行呼叫服务界面。

图 7

（5）保险推广模块

图 8 为查看保险信息及调用系统电话进行咨询服务界面。

图 8

（6）硬件模块

图 9 为感应器和数据发送器。

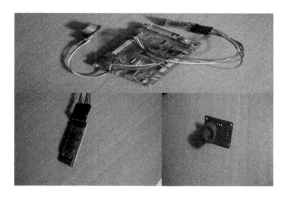

图 9

本系统采用通用的 JSP+Servlet+JavaBean 进行服务端的搭建，相对于其他框架而言安全性和性能都很高。

安卓端使用的是 MVC 开发模式，它很好地将视图层、控制层、模型层相分离，便于控制和开发，对于后期的维护更便捷。在安卓端，多次使用自定义的组件和扁平的 UI 风格，使整个系统的 UI 更具有独特的风格，同时应用 Slidingmenu 来创建侧滑菜单，使得整个系统的功能不会太繁杂。

2. 特色分析

系统的主要功能模块分为两个大类，由安卓端和服务端组成，首先服务端可进行司机、企业的注册，并发布相应的信息到本平台，使得各个模块都拥有数据。而安卓端注册负责对相应的数据进行显示，同时负责酒精检测的功能。整个系统流程顺畅，联系紧密。

（1）Android 端

Android 端选用了现在开发相当流行的 MVC 架构模式。

①View：采用 XML 文件做界面的布局，在需要引入界面的时候能更快速地引入控制层。当然，在安卓的界面布局中也可以使用 JavaScript+HTML 等方式去布局，这里就要进行 Java 和 JavaScript 之间的通信，安卓系统已经相当完善。

②Controller：Android 开发程序控制的功能都在众多的 Acitvity 中实现，然而在 Android 中尽可能地不在 Activity 中完成代码。因为 Activity 的生命周期比较长，如果我们在 Activity 中实现更多的功能系统会有更大的延迟。在 Android 系统中，如果一个界面的渲染时间超过 5s，那么这个进程就会被认为已经死亡，

系统就会对其进行回收，这就是运行时异常。

③Model：Android 对 SqLite 数据库的增删改操作、对网络数据请求的操作都应该在 Model 里面去完成。

④AsyncTask：是 Android 提供的特别轻量级的异步类，可以直接继承 AsyncTask,在类中实现异步操作，并提供接口，反馈当前异步执行的程度（可以通过接口实现 UI 进度更新），最后反馈执行的结果给 UI 主线程。

（2）硬件设备与移动终端的通信

硬件设备采用 MQ-3 气体传感器与 STM32F103R 开发板。

数据间使用蓝牙模块进行数据传输，通道使用了 Socket。

通过蓝牙传输 MQ-3 气体传感器的检测参数和将它接入酒精浓度检测模块中，通过模拟电压信号放大判断酒精浓度；将采集到的模拟电压信号通过单片机控制，经 A/D 转换得到数字电压信号，用于显示浓度的数码管显示模块，通过电压到浓度的线性转换和最终浓度值的数码管显示。

（3）移动终端数据的分析及服务

安卓端的服务主要包含五个主要模块。用户登录，酒精检测，知识普及浏览，打车、找代驾，保险浏览。

酒精检测模块通过分析硬件设备接收到的数据，判断用户酒精含量及是否可以驾车。

（4）服务器端数据的汇总

保险推广模块可以通过填写自己的个人信息，新增用户，新增成功后成为已注册用户，已注册用户能对个人信息进行修改。管理员可以查看所有司机、企业信息数据，并对这些数据进行删除或者修改，下表描述了数据存储信息。

数据存储编号	数据存储名称	数据简述	数据存储组成	数据关键字	数据相关处理
F1	用户信息	记录系统用户的详细信息	用户 ID、用户名	用户 ID	P1
F2	酒精浓度	记录检测所得的酒精浓度	酒精浓度 日期	酒精浓度	P2
F3	科普信息	对一些科普知识的普及	科普 ID 科普名称，科普详情，科普图片	科普 ID	P3

作品28　记忆力训练系统

获得奖项　高职组一等奖
所在学校　天津职业大学
团队名称　天津职业大学三组
团队人员及分工

　　　　　　卢　红：资料调研，将实现的功能进行系统设计，原牌速记、
　　　　　　　　　　速记宝典、帮助模块的编写。
　　　　　　李玉蕾：进行速记测试、英雄榜模块的编写。
　　　　　　杨宝太：进行联想速记模块的编写，系统测试，整理文档。
指导教师　谢莉莉

作品概述

大家都想拥有超强的记忆力吧!好记性不是天生的,可以通过后天的训练提升。我们研读多本记忆力训练的书籍,发现"记忆一副扑克牌"是快速记忆力的入门训练方法。这套扑克牌的记忆训练系统应用了联想法、谐音法、定桩法三种记忆方法。在训练过程中不断地调动和协调左右脑同时工作,激发大脑潜能。我们这套APP是辅助记忆训练工具,可以不用受人员、地域和物质的限制,随时随地训练和提升自己的记忆力。

本作品有原牌速记、联想速记、播放音乐、测试、英雄榜、速记宝典、帮助等七个模块。通过这七个模块可以完成扑克牌序列的熟记、测试、保存记录等记忆训练功能。

通过记忆系统的训练,想象能力得到很大的锻炼,想象速度被极大地调动起来,这对于进一步开发左、右脑潜能、全方位地提高我们的学习能力、创造能力、甚至艺术感受力等,都有着非常重要的意义。

作品可行性分析和目标群体

1. 可行性分析

这款智能手机软件对手机的硬件要求不高,用户范围比较广泛。

（1）技术可行性分析

我们设计的 APP 是基于 Android 环境开发的一款应用学习软件，Android 技术是一门开源的发展迅速的智能手机软件开发的技术。Android 包括四大组件，分别是 Activity 和 View、Service 、BroadCastReceiver 和 ContentProvider。

Activity 和 View：Activity 是 Android 应用中负责与用户交互的组件，相当于窗口控件，但是本身没有布局管理器，必须用 View 组件设计布局管理器。

Service：Service 与 Activity 的地位是并列的，不过 Service 通常位于后台运行，它一般不需要与用户交互，因此 Service 组件没有用户图形界面。Service 组件被运行起来，它将拥有自己独立的生命周期，Service 组件通常用于为其他组件提供后台服务或监控其他组件的运行状态。

BroadCastReceive:广播消息接收器，类似于事件监听器，BroadCastReciver 监听的事件源是 Android 应用中的其他组件。

SQLite:是一个开源的嵌入式关系数据库，可移植性好，容易使用，本身很小，但却高效而且可靠。SQLite 嵌入使用它的应用程序中，它们共用相同的进程空间，而不是单独的一个进程。

（2）从操作可行性分析

该游戏的操作简单易懂，用户的互动性良好。进入主界面进行分模块选择，有触屏、滑屏、按钮、摇一摇等方便的操作。

（3）从经济可行性分析

经济支出：根据用户的反馈意见，对游戏进行改进，花费调研费用和完善费用。

经济收入：通过植入广告获取单击率得到收益。

可以通过朋友圈和微信进行推广，可以获取使用者的测试时间记录数据进行积累，供以后进行分析改进。

后期可以开发关于记忆训练的系列产品。

根据用户需求定制扑克牌设计版式。

因为软件开发人员基数少，人力费用少，相应的经济收入比较可观。

2．目标群体

我们这款扑克牌记忆训练软件是以记忆训练为目的，所以面向的用户很广泛，可以是小学生、中学生、大学生、各岗位员工等想提高记忆力水平的人们。我们希望通过手机软件，不受时间、地域和人数的限制，完成记忆力的训练，本软件通过使用联想记忆法、谐音记忆法、定桩法来训练左右脑的协调。激发大脑记忆力的潜能。

作品功能与原型设计

1. 功能概述

功能名称	功能描述
扑克牌记忆训练	用户通过系统生成的随机序列可以训练记忆； 在训练过程中可以进行计时统计； 可以"摇一摇"改换扑克牌序列
扑克牌联想 记忆训练	根据联想法、谐音法、扑克牌上图片和文字进行记忆训练。 单击一张扑克牌可以修改联想文字和图片，并且保存到数据库中
记忆测试	对记忆的扑克序列进行测试； 测试过程中可以进行计时记录； 可以查看测试结果； 如果测试正确可以共享到微信好友和朋友圈
重力感应	实现"摇一摇"的操作，扑克牌生成新序列
背景音乐播放	可以播放和关闭背景音乐
测试时间存储功能	实现了记忆和测试时间数据库保存； 对保存的记录用菜单进行删除
记忆力提高知识学习	可以学习记忆力训练的基础知识
帮助	软件的帮助文档

2. 原型设计

游戏实现平台：Android。

屏幕分辨率：大于 400×800。

手机型号：支持 Android 4.1.1 以上的手机。

记忆力训练游戏软件的作品截图和界面说明如下。

（1）主界面

主界面如图 1 所示，可以进行七个模块的选择，分别是原牌速记、联想速记、播放音乐、测试、英雄榜、速记宝典、帮助。音乐播放按钮可以打开软件的背景音乐。背景音乐是有助记忆的音乐。

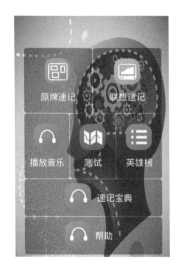

图 1

（2）原牌速记界面

在本模块中，用户通过辅助记忆界面可以使用自己的记忆方法和技巧记住扑克牌序列，系统可以记录下记忆整副牌所需的时间。可以通过摇一摇改换一组随机扑克牌序列。

用户可以通过导航条进行各个界面的切换操作（图 2）。

图 2

联想记忆界面

本模块利用记忆力训练的联想记忆法和谐音记忆法，制作出一副新的记忆扑克牌。用户可以根据图片和谐音信息编制自己熟悉的故事情节，辅助用户进行记忆训练（图3）。

用户可以根据自己的情况编辑适合自己的联想记忆文本和图片并保存至数据库（图4）。

用户可以通过导航条进行各个界面的切换。

图3

图4

（4）扑克牌测试界面

本模块的功能是对记忆训练模块的一次测试，扑克牌自动从第一张开始，用户根据下面的扑克信息，选择相应位置应该显示的扑克牌。在测试的时候用户同时单击"开始计时"按钮记录测试的时间，测试结束后单击"结束计时"按钮停止计时，并且选择是否保存测试时间。如果选择保存则把当前测试时间保存到数据库中。测试完毕用户单击"查看结果"按钮查看测试结果（图5）。

在测试完全正确的情况下，显示恭喜页面同时可以发送至微信朋友和朋友圈（图6）。

用户可以通过导航条进行各个界面的切换和操作。

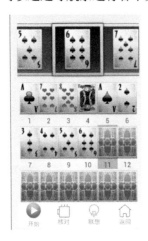

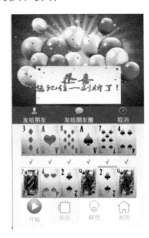

图5   图6

（5）测试记录界面

本模块显示和保存记忆扑克时间和测试记录的时间，数据是保存在数据库中（图7），可以使用菜单进行记录的删除（图8）。

用户可以通过导航条进行各个界面的切换。

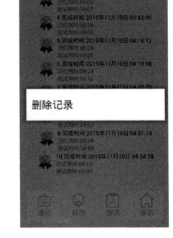

图7   图8

（6）记忆宝典界面

本模块显示记忆的方法。首先概括介绍记忆方法，然后介绍了三种常用的记忆方法：联想记忆法、谐音法、定桩法（图9）。

用户可以通过导航条进行各个界面的切换。

（7）帮助界面

帮助模块介绍本系统的简介和使用说明（图10）。

用户可以通过导航条进行各个界面的切换。

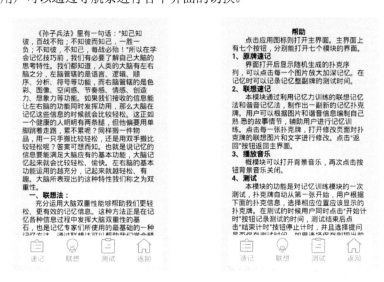

图9   图10

作品实现、难点及特色分析

1. 作品实现及难点

作品的开发过程并不是一帆风顺的，遇到了一些困难，我们团队通过共同努力解决了遇到的一个又一个困难。下面介绍一下我们遇到的难题和解决办法。

（1）创意设计

记忆训练的内容很多，现有的 APP 大多数针对卡通图片等内容的排序设计，都是训练瞬间记忆的。我们通过研读多本记忆训练方面的书，发现扑克记忆训练是一个不失趣味而又高效的训练题材。

（2）记忆测试模块

首先编写一个随机生成扑克牌的序列算法，而且同时在多个 Activity 中使用，我们把此算法写在 Application 中，然后在测试时不能实现 ListView 和 Gallery 的同步选择，我们通过改变设计函数，增加传递参数的方法解决。

（3）用户可以自己设计编辑联想记忆扑克牌

用户可以根据自己的情况对联想记忆扑克牌的文本和图片进行编辑。为了长期保存，我们选择记录在数据库中，同时配合好随机生成扑克牌算法，改变用户设计的联想扑克牌序列。

（4）时间显示问题

欲显示统一的格式时间，每次都是重复改写，为此我们专门设计了一个工具类，统一时间格式的静态类。

（5）实现了记忆时间和测试时间的保存

实现记忆时间和测试时间的保存，以备后期对系统进行改进，将来对记忆力分析进行数据积累。

2．特色分析

市场上的记忆软件大多数是训练瞬间记忆和反应速度的。本软件是在研读多套记忆方法书籍的基础上总结出来的一套与实际应用需要相符的软件。

（1）"摇一摇"操作：利用手机的重力感应功能，完成"摇一摇"动作的感应。其特色在于可以增加人机交互性，使用户可以通过多种渠道与软件进行交互。

（2）根据联想记忆法和谐音法绘制一套特色扑克牌。

（3）用户可以自己设计联想记忆扑克牌。

（4）能够记录并保存记忆和测试时间。

（5）测试成功记住一副牌后，发送恭喜页面，可以通过网络实现朋友圈共享和发送给微信朋友。

作品29 勇闯绝地

获得奖项　高职组一等奖
所在学校　山西传媒学院
团队名称　NGD（No Go Die）
团队人员及分工
　　　　　杜　波：游戏程序开发，游戏文档。
　　　　　刘煦倬：游戏策划，游戏音乐设计。
指导教师　谢　欣

作品概述

　　"勇闯绝地"是一款3D手游，3D游戏对显卡的运算速度和内存容量比2D游戏有更高的要求，如果硬件不能达到要求，游戏时就会运行缓慢甚至死机，正是当下手机性能不断提高，才使得3D游戏得以在手机上运行，这也是我们研发"勇闯绝地"3D手游的原因之一。其二，众所周知，3D画面感更真实，沉浸感较普通2D更强。

　　"勇闯绝地"这款3D手游开发平台为当下流行的Unity3D游戏引擎，运行环境为Android 2.1及以上版本，开发调试手机小米2s。

　　这款3D游戏与其他3D手机游戏不同，既可以是第三人称动作手游，也可以是仿第一人称视角游戏。在游戏中可以随意切换视角，同一款游戏感受两款不同游戏的效果。在游戏角色方面设置了三种更换皮肤发色，使玩家在游戏中可以有自己的选择权利，技能特效也是十分炫酷。

作品可行性分析和目标群体

1. 可行性分析

（1）技术可行性分析

　　全面考虑开发过程中可能遇到的问题，在开发平台上选择了较为成熟的U3D游戏引擎作为蓝本，编程语言为C#，制作过程中设想过许多先进技术，但测试结果并不理想，所以，在之后软件中并没有选择引进先进技术，但有独特的构思，开发端与开发人员结合现有技术，尽可能功能全面，性能达标。

（2）从操作可行性分析

系统采用菜单样式，用户与角色交互良好，画面整洁，操作方便，可以适应大部分人群。

2. 目标群体

这款 3D 手机游戏适合当下所有安卓智能手机，所有人都能玩的游戏，界面简洁，场景炫酷，是所有人值得玩的一款游戏。

作品开发流程及功能与原型设计

1. 开发流程图（图 1）

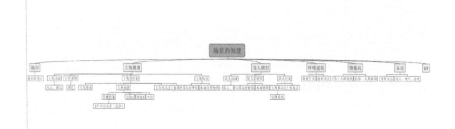

图 1

2. 功能简介

功能名称	功能描述
选择皮肤发色	制作三个 Materials 用于更改主角模型的贴图，放到 public Material []bodyArray; 数组中，然后将选择的 Index 利用 PlayerPrefs.SetInt ("BodyIndex",bodyIndex)方法保存，在游戏关卡利用 int bodyIndex = PlayerPrefs.GetInt("BodyIndex")获取 Index，然后获取对应的 Materials
采用异步加载读开始游戏关卡	在第一个界面设置好一个进度条 LoadSceneProgressbar；首先利用 SetAwake()，设置其处于隐藏状态，当单击开始游戏后显示进度条，并且用 AsyncOperation async = Application.LoadLevelAsync("scence1"); LoadSceneProgressbar._instance.Show (async); 异步加载方式与进度条交互

功能名称	功能描述
游戏界面设置四个技能	第一，普通技能设置三下打击，当第一下打击动作途中再按一下普通技能，紧接着第二下打击，同理在第二下打击动作途中按下普通技能，接着第三下打击，这样就实现了连击功能。第二：技能天崩地裂为蓄力技能，当按下技能二不移动会实现蓄力，时间越长攻击力越高。第三：技能旋风斩，向前旋转，该技能在释放技能时免疫所有一切伤害。第四：大招，死亡之歌，该技能由三个动作组成，第一个动作，实现仿敌人静止不动（无伤害），第二个动作，击打三下造成伤害，最后一个起飞砸地动作造成大范围伤害，并且在大招的过程中普通小怪对主角无伤害，Boss 有伤害（具体功能实现文档后面解释）
小地图	可以看到主角一定范围的缩略图，使玩家能观察周围的敌人数量以及距离。实现方法为：设置一个 MapCamera，使地图相机跟随主角移动，再制作 MiniMapTextures 和对应的 Materials，然后在 UI 上显示，再进行显示层的设置
摇杆操作	玩家可以通过虚拟摇杆在手机上控制游戏主角移动。摇杆通过 NUGI 插件制作，首先在 UI 上设计好摇杆背景以及移动 Button，通过脚本 Joystick.cs 获取摇杆方向以及是否移动
切换视角	通过切换视角按钮，进行两种不同视角切换。第三人称视角：创建一个摄像机，用 FollowPlayer.cs 脚本使它与主角保持一定距离。仿第一人称视角：创建一个摄像机，设置好距离，将其拖至主角游戏对象中，使它成为主角游戏体的子物体，这样主角移动摄像机移动。但是一个场景不能有两个主摄像机，所以再按下切换按钮，隐藏其中一个开启一个
不同视角的两种移动	首先是第三人称移动，它能通过虚拟摇杆控制主角的移动及旋转方向，通过 PlayerMove.cs 脚本实现，Vector3 targetDir = new Vector3(h, 0, v);摇杆传过来 h,v. transform.LookAt(targetDir + transform.position); 实现方向旋转，cc.SimpleMove(transform.forward * speed);向前移动。仿第一次人称移动：通过 csplayermove.cs 脚本，cc.Move(moveDirection * Time.deltaTime)方法进行移动。主角旋转则需要同过手机触屏检测：手在手机屏幕向左滑动，则水平向左滑动，反之向右滑动，通过代码 this.transform.Rotate(Vector3.up*Input.GetAxis("Mouse X")*Time.deltaTime*20f);实现
主角和敌人血量及攻击力（显示及增加减少）	主角血量设置一定初始值，并在杀死一个敌人以后获得 HP+10，在杀死一批敌人以后，主角血量满血恢复，并且血量默认值增加 500～1000，攻击力增加+10。普通敌人血量 100，攻击力 50，Boss 血量 200，攻击力 100，超级敌人血量在普通敌人之上+100，攻击力+50,超级 Boss 血量在普通 Boss 之上+200，攻击力+50
敌人技能	普通敌人一个技能，Boss 设置三个技能，三个技能随机发生动作，实现方法：在敌人离主角一定距离内设置攻击，攻击间隔使用计时器 Timer，时间一到攻击一次，不同技能攻击才用 int num = Random.Range(0, 3);产生一个随机数，相应随机数实现相应动作

功能名称	功能描述
背景音乐	不同关卡采用不同背景音乐和死亡音乐。具体实现：本游戏中游戏音乐 AudioListener 组件设置的主角，设置一个空游戏体管理音乐，在设置其他游戏体上添加背景音乐，几个背景音乐设置几个空游戏体，不能在同一个游戏体上添加多个背景音乐。背景音乐管理代码实现下文再详细说明
暂停，菜单	游戏暂停的实现使用：Time.timeScale＝0;恢复游戏：Time.timeScale＝1;游戏的菜单 UI 全部使用 NGUI 插件制作，按钮的实现是给其添加相应方法事件
敌人的血条跟随	首先在 UI 上设置 bosslifebar_BG,将其做成 Prefab,然后在敌人上方做一个空游戏体 bosslife_point，这是血条跟随的显示位置，Instantiate (bosslifePrefab, transform.position, transform.rotation)as GameObject;克隆一个做好的血条 Prefab,最后用 HUD Text 插件的 UIFollowTarget.cs 代码实现跟随目标的设置
掉血数字的跟随显示	血量的减少、增加、提示信息的跟随显示，方法和血条跟随类似，都是采用 HUD Text 插件制作
主角技能冷却	使出了普通技能以外的技能，有冷却时间，实现方法：在技能 Button 上创建一个黑色 Sprite，添加 NGUI 的 UISprite 脚本，Type 设置成 Filled,在代码中控制 Fill Amount 属性即可

3. 原型设计

游戏实现平台：Android，PC。

屏幕分辨率：大于 360×640。

手机型号：测试手机小米 2s，魅族 Pro。

勇闯绝地 3D 游戏软件的作品截图和界面说明见下图。

图 1 为初始界面。

初始界面：

初始界面有主角战斗状态，还有更换颜色的按钮，以及开始新游戏按钮，背景以清新风格为主，如图 1 所示。

游戏界面：

左下角为虚拟按钮，左上包括人物头像，人物血条，以及蓄力技能进度条，左边中间为镜头切换按钮，右上为小地图，右下分别是主角技能按钮，右边中间为游戏暂停按钮，界面布局整齐，风格一致，如图 2 所示。

图1

第三人称视角释放普通技能，如图2所示，第一人称视角释放技能"天崩地裂"，如图3所示。第三人称视角释放技能"旋风斩"，如图4所示。

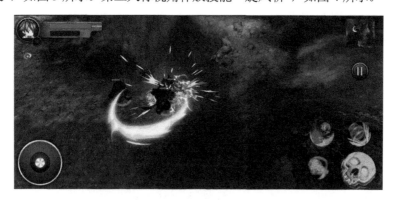

图2

图3

图 4

第三人称视角释放大招"死亡之歌"最后起飞腾空，如图 5 所示，第三人称视角释放大招完毕并击中敌人，如图 6 所示，第一人称视角在副本中释放技能一"天崩地裂"，如图 7、图 8 所示。

图 5

图 6

图7

图8

作品实现、难点及特色分析

1. 作品实现

（1）工程文件截图（图9～图11）

图9

图 10

图 11

（2）脚本含义解释

代码脚本	解释
DeadAudio.cs	播放死亡背景音乐
firstAudioBG.cs	播放第一关及第二、三背景音乐
MenueAudio.cs	管理背景音乐
ButtonThroughClick.cs	UI 界面上的按钮事件方法
IsSetAwakeKeyNotice.cs	控制是否显示获得副本通关钥匙界面
CameraSwitchbutton.cs	控制视角切换
FollowPlayer.cs	控制第三人称视角相机跟随主角
MenuController.cs	游戏初始界面，控制更换主角肤色、发色，以及保存，还有异步加载下一个场景关卡
MiniMapCamera.cs	控制小地图摄像机跟随主角
Csplayermove.cs	控制仿第一人称视角主角移动
PlayerAnimationAttack.cs	实现主角添加的动画时间方法，以及播放动作动画，还有判断是否进行普通攻击连击，控制动作动画播放速度
PlayerDress.cs	获取初始界面保存的更换发色的数据
PlayerMove.cs	控制第三人称视角主角移动旋转
SkillEffectsPlay.cs	实现技能动画事件方法，播放技能特效

续表

代码脚本	解释
SkillOneChargeAttack.cs	控制主角第一技能天崩地裂的蓄力,以及冷却
ATKAndDamage.cs	主角和敌人受伤害以及攻击的父类,处理主角和敌人死亡和受伤害,以及血条跟随,掉血数字跟随,技能击中粒子特效的播放,敌人死亡音效的播放,以及主角属性的加成,主角生命减少,敌人受伤死亡的动作播放
PlayerATKAndDamage.cs	继承自 ATKAndDamage 类,处理主角对敌人造成伤害
NormalATKDamage.cs	继承自 ATKAndDamage 类,处理普通敌人对主角造成伤害
SoulBossATKAndDamage.cs	继承自 ATKAndDamage 类,处理 Boss 敌人对主角造成伤害
EnemySpawn.cs	克隆出一个普通敌人游戏体
NormalEnemy.cs	控制普通敌人的移动和攻击动画,普通敌人血条跟随,以及是否消亡自身
SoulBoss.cs	控制 Boss 的攻击动作动画
SpawnManager.cs	控制敌人的产生
ArrowRocket.cs	控制副本怪弓箭手弓箭的移动,以及碰撞检测是否射中主角
Ectype1Spawn.cs	克隆一个副本敌人游戏体
EctypeAroowEnemy.cs	控制副本弓箭敌人的移动和攻击动画,普通敌人血条跟随,以及是否消亡自身
EctypeKingEnemy.cs	控制副本 Boss 敌人的移动和攻击动画,普通敌人血条跟随,以及是否消亡自身
EctypeSpawnManager.cs	控制副本敌人的产生
IsArrowAppear.cs	控制副本弓箭敌人攻击动画的事件方法及克隆弓箭 Prefab
IsEctypeSpawn.cs	控制副本敌人在主角靠近敌人时 20M 敌人的产生
IsSpawnEnemy.cs	控制普通狼人敌人在主角靠近敌人时 30M 敌人的产生
IsThroughEctype.cs	控制主角准备进入第二关弹出的提示框
Joystick.cs	虚拟摇杆的设置,以及触屏位置检测
Tags.cs	设置 Tag 值,方便调用
IsTwoEnemy.cs	是否产生第二关敌人 20M 内
TwoEnemyMangle.cs	第二关敌人的产生
IsThroughTwo.cs	主角靠近第二关,显示给出提示或者判断是否进入第二关界面
LoadSceneProgressbar.cs	进度条界面的显示
SkillAnimationEvent.cs	控制主角进行其中一个技能释放时,其他技能不能单击
SkillTwo.cs	主角第二技能的冷却实现
SkillRange.cs	主角大招技能冷却实现
IsWinMenu.cs	是否显示游戏获得胜利界面
ButtonAudioPlay.cs	控制是否播放按钮声音

2．作品难点

（1）视角的切换
实现代码如图 12 所示。

```
//attackcamera.setActive (false);
if (this.GetComponent<csplayermove> ().enabled == true||this.GetComponent<PlayerMove> ().enabled==false){

        this.GetComponent<PlayerMove> ().enabled = true;
        this.GetComponent<csplayermove> ().enabled = false;
    mainCamera.SetActive(true);
    attackCamera.SetActive(false);



    )
    else{

        this.GetComponent<PlayerMove> ().enabled = false;
        this.GetComponent<csplayermove> ().enabled = true;

        attackCamera.SetActive(true);
        mainCamera.SetActive(false);



    )
```

图 12

在镜头切换中，运用到两个主角移动脚本，每当切换视角要同时切换摄像头，还要同时切换镜头，镜头切换原理就是判断当前脚本组件是否为隐藏，若第一人称为移动脚本组件为显示，则单击切换镜头按钮，就要隐藏当前摄像机，开启第三人称摄像机，并且显示第三人称移动脚本组件为显示，第一人称移动脚本为隐藏之反之同理。更要注意的是摄像机属性的设置，其中 Depth 必须为-1 层，且相同，如图 13 所示。

图 13

（2）主角的四个技能设计与开发（图14）

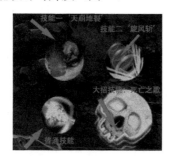

图14

上面已经介绍了技能的效果及释放，下面介绍具体实现。

首先是主角动作动画状态机的设置，如图 15 所示，普通技能为 AttackNormal0-2 三个动作动画，当按下普通技能按钮时，动画状态可以从 Idle 或者 AttackReady 到 AttackNormal0，但是不能从这两个状态直接到 AttackNormal1 或者 AttackNormal2，那么要想实现连击效果，则需要在 AttackNormal0 这个动画中间添加动画 Events 如图16所示，并且实现 Function 的方法 Normal0SkillEvent1（仅添加动画事件就必须实现这个事件方法，不然报错），这个方法就是只要动画播放这个事件位置，则触发这个事件方法，执行相应代码，只要在这个事件代码中设置再次按普通攻击按钮，则执行 AttackNormal1 动作，同理要实现 AttackNormal2，则在 AttackNormal1 动画添加相应事件。

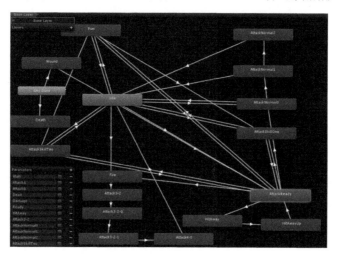

图15

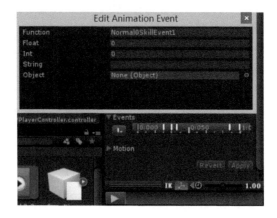

图 16

技能一和技能二因为不是连击，只需要设置相应 Trigger 为 True 时则播放动作动画。下面介绍大招，由状态机可以看出，大招由 Fire 和 Attack3-2--Attack3-2-1 以及 Attack4-0 几个动画共同组成，就是将其状态连接在一起即可，当播完 Fire 则紧接着播放 Attack3-2，同理播放至 Attack4-0。下面再来说说主角对敌人如何造成伤害，首先还是给动作动画添加动画事件，只要当动画播到动画事件时，触发伤害代码，只要敌人在主角一定距离内，则对敌人造成伤害，反之不造成。敌人给主角伤害同理，实现代码如图 17 所示，相应打击特效也是同理，添加动画 Event 事件播放。

```
public void Attack1() {
    //AudioSource.PlayClipAtPoint(attackClip, transform.position, 1f);
    if (Vector3.Distance(transform.position, player.position) < attackDistance) {
        player.GetComponent<ATKAndDamage>().TakeDamage(normalAttack);
    }
}
public void Attack2() {
    // AudioSource.PlayClipAtPoint(attackClip, transform.position, 1f);
    if (Vector3.Distance(transform.position, player.position) < attackDistance) {
        player.GetComponent<ATKAndDamage>().TakeDamage(normalAttack);
    }
}
```

图 17

（3）敌人血条跟随显示

在开发过程中，遇到只要一切换视角敌人血条就不跟随的情况，原因为跟随摄像机为主摄像机，只要一切换视角，主摄像机就变，但是跟随的摄像机并没有变，所以修改代码如图 18 所示：将目标跟随 followTarget.gameCamera =

Camera.main;代码移动至 Update()方法中不断更新即可。

```
//敌人血条跟随
bosslifeFollow = transform.Find("bosslife_point").gameObject;
bosslifeGo = GameObject.Instantiate (bosslifePrefab, transform.position, transform.rotation)as GameObject;
bosslifeSlider=bosslifeGo.GetComponent<UISlider>();
//bosslifePrefab.transform.parent = this.gameObject.transform;
followTarget = bosslifeGo.GetComponent<UIFollowTarget>();
followTarget.target = bosslifeFollow.transform;

}

// Update is called once per frame
void Update () {
    followTarget.gameCamera = Camera.main;
```

图 18

3. 作品特色

这款 3D 游戏与其他 3D 手机游戏的不同之处为: 既可以是第三人称动作手游, 也可以是仿第一人称视角游戏, 在游戏中可以随意切换视角, 同一款游戏感受两款不同游戏的效果。在游戏角色方面设置了三种皮肤发色, 使玩家在游戏中可以有自己的选择权利。技能特效也是十分炫酷, 拥有小地图功能, 以技能冷却触发其中一个技能, 其余技能不能触发。第一人称游戏模式在敌人靠近主角时自动锁定敌人目标, 非战斗状态可以通过触屏更改主角方向。

作品30　Cool掌控

获得奖项　高职组一等奖

所在学校　内蒙古电子信息职业技术学院

团队名称　主旋律

团队人员及分工

徐世伟：软件编程，实现软件的界面功能。

王亚星：软件编程，实现软件的界面功能。

李　洋：APP界面制作。

李钊乐：书面文件编写与代码调试。

指导教师　陈瑞芳　张振国

作品概述

1. 选题背景

目前信息化教学是各高校积极采用的教学手段，其中，采用课件辅助教学对提高教学效果起到了很好的作用。通常教师使用鼠标或电子教鞭控制播放课件，但这两种设备使用时有局限性，一是空间限制，二是忘记携带。我们自主研发的"Cool掌控"手机应用软件不仅突破了这两种限制，还增加了新的功能。教师只需带上智能手机，可在教室的任何角落控制播放课件，同时观察和掌握学生的听课状态，及时掌握授课进度，合理调整教学进度，有助于教学质量的提高，方便教师的教学工作。

2. 项目意义

（1）它适用于各种行业中的PPT演示人员，可以让PPT演示更加方便，不用在电脑上、遥控器上进行复杂的操作。

（2）它适用于各种复杂的环境，不会由于复杂的外界环境而影响使用。用户仅仅只需要一个WIFI就能实现操作。没有过多的学习成本、上手快。

可行性分析和目标群体

1. 可行性分析

Cool 掌控，无须主动连接 WiFi，打开手机和电脑端，扫描二维码即可连接。用手机控制电脑端的 PPT 进行播放，手机锁屏状态下也可以进行控制，无须繁杂的解锁过程，降低了手机重复唤醒带来的电量消耗。

2. 目标群体

教师讲课、公司开会、学生聚会、节目表演等均可适用。

作品功能和原型设计

1. 总体功能结构（图 1）

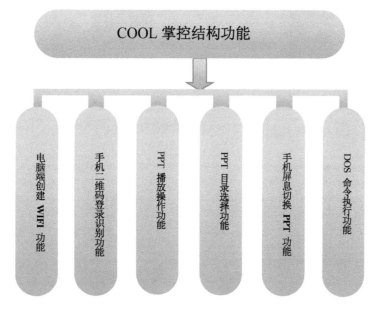

2. 具体功能模块设计

电脑端创建 WiFi 功能主要由电脑发送 WiFi 和手机进行连接（图 2）。

手机端二维码识别功能主要用于手机和电脑之间的连接（图 3）。

PPT 播放操作功能主要用于播放 PPT。

PPT 目录选择功能主要用于选择播放各类 PPT 文件。

手机屏息切换 PPT 功能主要用于手机屏息状态下手势控制播放 PPT。

DOS 命令执行功能主要用于在手机上输入 DOS 命令，然后在电脑上执行该功能，用于软件编程人员。

3. 界面设计

创建 WiFi，如图 2 所示。

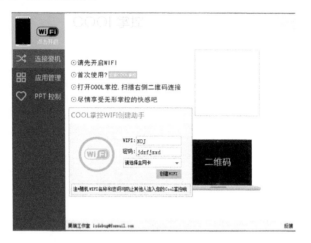

图 2

电脑端连接界面，如图 3 所示。

图 3

办公软件下载界面，如图 4 所示。

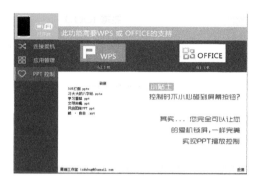

图 4

首页界面如图 5 所示，二维码扫描连接，如图 6 所示。

图 5

图 6

连接前、连接后，如图 7、图 8 所示。

图 7

图 8

PPT 控制界面，如图 9 所示，DOS 命令控制界面如图 10 所示。

图 9   图 10

作品实现、特色和难点

1. 作品实现

用 PS 实现界面设计。
用 Eclipse 编写源代码，实现操作功能。

2. 特色分析

（1）手机端的 APP 非常简洁，没有过多的修饰元素干扰用户的选择。

（2）没有其他软件复杂且使用频率极低的功能，用图画和少量文字简单直观地告知用户该如何使用。

（3）安装包小、占内存少、软件运行速度快、操作距离长、无插件。